Frische Blumen!

Schnittblumen
für das ganze Jahr

Frische Blumen!

Schnittblumen für das ganze Jahr

Louise Curley
Fotos von
Jason Ingram

Aus dem Englischen von
Dörte Fuchs und Jutta Orth

GERSTENBERG

Die Originalausgabe erschien 2014 unter dem Titel *The Cut Flower Patch* bei Frances Lincoln

Aus dem Englischen von Dörte Fuchs und Jutta Orth

Fachlektorat: Susanne Warmuth

1. Auflage 2015

Satz: bookwise GmbH, München

Printed in China

www.gerstenberg-verlag.de

ISBN 978-3-8369-2101-5

Inhalt

Einleitung

Mein Schnittblumenbeet ist ein ganz besonderer Ort. An einem trüben Wintertag wie heute sieht es zwar ein bisschen trostlos aus, doch in ein paar Monaten wird sich das kahle Stückchen Land in ein Blütenmeer verwandeln, dessen Farbenpracht mir immer wieder das Herz aufgehen lässt. Dabei sollte an dieser Stelle ursprünglich gar kein Garten entstehen. Ich habe mir dort einen Raum geschaffen, um jederzeit Blumen für mein Zuhause schneiden zu können.

Von jeher schmücke ich meine Räume gerne mit Blumen, doch vor fünf Jahren habe ich aufgehört, sie beim Händler zu kaufen. Angebot und Auswahl sprachen mich immer weniger an, und die Sträuße waren einfach nicht das, was mir vorschwebte. Doch es gab noch einen weiteren, triftigeren Grund: Wir hatten gerade ein Haus gekauft und mussten mit unserem Geld haushalten. Trotzdem war es frustrierend, auf Schnittblumen verzichten zu müssen. Etwa zur selben Zeit stieß ich auf einen Artikel über die schlechten Arbeitsbedingungen in großen Gartenbaubetrieben und den Schaden, den der weltweite Handel mit Schnittblumen der Umwelt zufügt. Der Anbau von eigenem Obst und Gemüse schien mir immer erstrebenswerter, und meine Einkäufe erledigte ich zunehmend auf dem örtlichen Bauernmarkt. Alles in allem kam es mir so vor, als bestünde der nächste logische Schritt darin, meine eigenen Blumen zu ziehen.

Zunächst legte ich dafür im Garten hinter dem Haus Hochbeete an; dann übernahm ich zusätzlich einen Schrebergarten und beschloss, zwei Beete für Schnittblumen zu reservieren. Ich war überrascht, wie wenig Platz ich brauchte, um vom zeitigen Frühjahr bis zur Herbstmitte Schnittblumen zu haben. Anfangs machte

Duftnarzissen zum Valentinstag? Eine echte Alternative zu den allgegenwärtigen roten Rosen! Ziehen Sie sie selbst oder kaufen Sie sie beim Gärtner.

ich eine Menge Fehler, doch Jahr für Jahr lernte ich dazu: welche Arten am blühfreudigsten sind, welche sich am leichtesten ziehen lassen und welche in der Vase am längsten halten. Ich stellte fest, dass mir das Ziehen, Schneiden und Arrangieren meiner Blumen genauso viel Freude machte wie das Ausgraben selbst gepflanzter Kartoffeln und das Pulen von Erbsen. Inzwischen fülle ich vom Frühling bis in den Herbst Woche für Woche mehrere Vasen mit Schnittblumen. Ich könnte mir längst nicht so viele Blumen leisten, wenn ich sie alle kaufen müsste.

Das Ziehen von Schnittblumen wurde bald zur Sucht, und ich begann, auch nach Pflanzen mit attraktiven Fruchtständen Ausschau zu halten, die ich im Herbst und Winter anstelle von Blüten verwenden konnte. Doch nicht nur das Gärtnern an sich machte mich glücklich – ich war auch deshalb zufrieden, weil ich wusste, dass ich etwas Gutes für die Umwelt tat.

Jedes Jahr werden Millionen Euro für Schnittblumen ausgegeben. Blumen sorgen dafür, dass wir uns besser fühlen. Steht ein besonderes Ereignis an oder gilt es, jemanden aufzuheitern, fallen uns als Erstes Blumen ein. Sie können die Stimmung eines Raums aufhellen und erfüllen ihn vielleicht sogar mit ihrem Duft. Doch es ist etwas geschehen mit den Blumen, die zum Kauf angeboten werden. Wie so vieles in unserer modernen Welt sind sie inzwischen Teil des „Big Business". Auf Blumenfarmen in Südamerika und Afrika werden sie im großen Maßstab angebaut, um die wachsende globale Nachfrage nach Billigsträußen rund ums Jahr zu erfüllen. Wir können unsere Wohnzimmer, wann immer wir wollen, mit exotischen Blumen schmücken.

Obwohl die Auswahl auf den ersten Blick riesig erscheinen mag, leidet der Schnittblumenhandel unter den gleichen Problemen wie die Nahrungsmittelindustrie. Wie Obst und Gemüse müssen heutzutage auch Blumen lange Lagerzeiten und Transportwege überstehen können, ohne Schaden zu nehmen. Hohe Erträge und ein einheitliches Erscheinungsbild sind beim Anbau von Nahrungspflanzen oberstes Ziel, und dieses Perfektionsstreben hat inzwischen auf die Schnittblumenindustrie übergegriffen.

Ihr Blumenbeet bereitet nicht nur Ihnen Freude: Die Blüten dienen den verschiedensten Insekten als wertvolle Pollen- und Nektarquelle.

Da wir Nelken und Lilien das ganze Jahr über kaufen können, haben wir das Gefühl dafür verloren, dass Wachstumszyklen den Jahreszeiten unterworfen sind. Das wird zu keinem Zeitpunkt deutlicher als am Valentinstag, wenn Abermillionen dunkelrote Rosen über den Ladentisch gehen. Sie sind zu einem beliebigen Konsumprodukt geworden, und obwohl viele Menschen erkannt haben, dass der Erwerb saisonaler Nahrungsmittel aus der Region nicht nur für sie, sondern auch für den Planeten gut ist, scheint ihnen die Herkunft von Blumen weniger wichtig zu sein.

Rittersporn ist eine dankbare Schnittblume und zudem eine exzellente Bienenweide.

Das Umweltdilemma

Schätzungsweise rund 80 Prozent der in Westeuropa vertriebenen Schnittblumen werden aus dem Nahen Osten, Afrika, Mittel- und Südamerika importiert und wegen ihrer begrenzten Haltbarkeit meist mit dem Flugzeug transportiert. Ein im Supermarkt erhältlicher Strauß durchschnittlicher Größe ist unter Umständen schon 20000 bis 25000 Kilometer weit gereist, ehe er bei Ihnen zu Hause in die Vase kommt.

Es geht aber nicht nur um die globale Belastung der Umwelt. Die Blumenfarmen Kenias oder Kolumbiens, um nur zwei Beispiele zu nennen, sind riesengroß. Der Anbau im großen Maßstab senkt die Stückkosten – zum Nachteil der lokalen Wasservorräte, denn die Pflanzen benötigen gigantische Mengen Wasser.

Verschiedene Umweltverbände und Hilfsorganisationen äußern sich zunehmend besorgt über die Auswirkungen des Schnittblumenhandels auf die unmittelbare Umgebung der Farmen und über die dort herrschenden Arbeitsbedingungen. Oft spezialisieren sich Blumenfarmen auf einen Blumentyp, z.B. Rosen oder Nelken, doch Monokulturen sind anfällig für Schädlinge und Krankheiten. Um diese Probleme in den Griff zu bekommen, werden Chemikalien eingesetzt – beispielsweise Dichlordiphenyltrichlorethan (DDT) und andere Mittel, deren Anwendung in Europa verboten ist. In Ländern, die der Fürsorgepflicht von Unternehmen nur wenig Bedeutung zumessen, sind die Farmarbeiter den toxischen Pestiziden oft schutzlos ausgesetzt.

Wörter wie „Nachhaltigkeit", „öko" und „grün" wirken auf viele Menschen abschreckend. Wer gibt schon gerne lieb gewordene Gewohnheiten auf, selbst wenn es um den

Erhalt des Planeten geht? Doch das Ziehen eigener Schnittblumen ist gut für die Umwelt und macht Spaß. Sie können sicher sein, dass Ihren Blumen keine Giftcocktails verabreicht wurden, dass sie nicht um die halbe Welt gereist sind und dass ihr Anbau weder zur Wasserverknappung noch zur Umweltzerstörung beigetragen hat. Für bestäubende Insekten, die heute oft nur mit Mühe Quellen für Nektar und Pollen finden, wird Ihr Blumenbeet zu einem beliebten Futterplatz werden. Blüten, in denen es von diesen und anderen nützlichen Insekten wimmelt, sind nicht nur ein wunderbarer Anblick, sondern auch von praktischem Nutzen. Der Schädlingsbefall in meinem Obst- und Gemüsegarten ist zurückgegangen, und ich bin sicher, dass dies den Nützlingen zu verdanken ist, die ich in meinen Schrebergarten locken konnte, z. B. Marienkäfer und Schwebfliegen.

Doch ein Schnittblumenbeet ist mehr als eine Alternative zum Floristen. Es eröffnet Ihnen eine neue Welt, schenkt Ihnen Material für ausgefallene Sträuße, Blüten mit betörendem Duft und empfindliche Blumen, die sich nicht gut transportieren lassen und deshalb im Laden nicht angeboten werden. Es sind Ihre Blumen, und durch sie erhalten Sie Gelegenheit, Ihre Persönlichkeit zum Ausdruck zu bringen und Arrangements zu kreieren, die perfekt in Ihr Zuhause oder zu einer besonderen Gelegenheit passen.

Blumen haben die Menschen schon immer betört. Seit dem Mittelalter werden sie kulti-

LINKS Die zarten Blüten des Islandmohns würden einen längeren Transport nicht überstehen. Reservieren Sie dieser dekorativen Schnittblume deshalb einen Platz in Ihrem Blumenbeet.

MITTE Bartnelken sind leicht zu ziehen und beglücken Sie im Spätsommer mit ihren großen, duftenden Blütenköpfen.

RECHTS Schöpfen Sie auch im Winter aus Ihren eigenen Quellen, anstatt auf Importblumen zurückzugreifen, für die gar keine Saison ist.

viert – zunächst als Heilpflanzen in Klostergärten und in den Gärten großer Herrenhäuser, später auch, um Kirchen und Repräsentationsräume für wichtige Ereignisse zu schmücken.

Im 16. Jahrhundert wurde das Ziehen von (Schnitt-)Blumen immer populärer. Duftende Blumen sollten die wenig angenehmen Gerüche jener Zeit kaschieren, als die Abwässer einfach auf die Straße geleitet wurden und man nur selten ein Bad nahm.

Damals entstanden die ersten Gartenratgeber. Thomas Tussers *Five Hundred Points of Good Husbandry* (1573), John Gerards *The Herball or Generall Historie of Plantes* (1597) und William Lawsons *The Countrie Housewife's Garden* (1617) bieten faszinierende Einblicke in die damalige Gartenkultur. Das Wissen, dass viele der von mir kultivierten Blumenarten den Menschen schon vor fast fünfhundert Jahren Freude schenkten, gibt meinem Projekt eine ganz neue Dimension.

Auch die Idee eigens angelegter Schnittblumenbeete ist nicht neu. Herrenhäuser mit großen Gärten hatten für gewöhnlich Bezirke, in denen die Blumen gezogen wurden, oder sogenannte Reservegärten, die oft ein Teil des Küchengartens waren. In den Küchengärten wuchs heran, was man zur Selbstversorgung brauchte; sie lieferten dem Haus riesige Mengen Obst und Gemüse. Blumen gehörten nach der damaligen Gartenphilosophie einfach mit dazu.

Das Kultivieren von Blumen lag allerdings nicht ausschließlich in den Händen der Wohlhabenden. Auch in traditionellen Bauerngärten wuchsen Blumen. Die Menschen hatten eine engere Beziehung zum Land als heute, und das Sammeln von Wildkräutern war damals ein normaler Bestandteil des Alltags. Mag sein, dass wir die Verbundenheit mit den Jahreszeiten im Laufe des 20. Jahrhunderts verloren haben, doch mehren sich die Anzeichen, dass sich die Einstellungen ändern. Die Hochzeit von Prinz William und Herzogin Kate im Jahr 2011 mag hierfür als Beispiel dienen: Für die Feier wurden nur einheimische Blumen verwendet, und bei der Auswahl spielten saisonale Faktoren eine wichtige Rolle.

In diesem Buch erfahren Sie, welche umweltfreundlichen Alternativen es zu den überall angebotenen Importblumen gibt und wie Sie Ihr eigenes Blumenbeet anlegen können – von der Wahl des richtigen Standorts über die Analyse des Bodens bis hin zu Aussaat und Pflege der Pflanzen. Das Beet wird vor allem mit Ein- und Zweijährigen bepflanzt, die im Jahresverlauf über eine möglichst lange Zeitspanne Blüten hervorbringen. Ziehen Sie außerdem ein paar Pflanzen mit attraktiven Fruchtständen für Trockensträuße, an denen Sie sich erfreuen können, wenn Ihr Blumenbeet Winterschlaf hält.

Schnittblumen sät man am besten zu Beginn des Frühjahrs aus, doch keine Sorge, wenn die Inspiration Sie zu einem anderen Zeitpunkt des Jahres überkommt: Es bietet sich immer eine Möglichkeit zum Einstieg – sei es die Aussaat von Zweijährigen im Sommer oder das Stecken von Tulpenzwiebeln im Spätherbst.

RECHTS Zinnien sind Einjährige, die im Spätsommer blühen.

GANZ RECHTS *Dianthus barbatus* 'Green Trick' erfreut das Auge mit seinen peppig grünen kugeligen Köpfen.

UNTEN Skabiosen sind wegen ihrer lang anhaltenden Blüte perfekte Schnittblumen.

Die Auswahl geeigneter Pflanzen

Mit einer Tasse Tee, Keksen und einem Stapel Samenkatalogen vor einem prasselnden Kaminfeuer – so verbringe ich lange, dunkle Winterabende am liebsten. Ich versenke mich in die prächtigen Fotos, erstelle Listen und zeichne Pflanzpläne. Die Qual der Wahl beim Saatgut kann einen fast überfordern, vor allem, wenn man nicht viel Platz im Garten hat. Woher weiß ich, welche Blumen sich als Schnittblumen eignen? Glücklicherweise sind entsprechende Züchtungen in Saatgutkatalogen meist mit dem Symbol einer Schere gekennzeichnet.

Meine Listen sind anfangs immer viel zu lang. Nur unter Aufbietung meiner ganzen

Zierlauch (links) und Kosmeen (oben) ziehen Bienen, Hummeln und Schwebfliegen an.

Willenskraft schaffe ich es, das Bestellvolumen in einem vernünftigen Rahmen zu halten.

Gärtnern für Tiere

Denken Sie bei der Auswahl der Pflanzen auch an die Tierwelt. Die vorhandenen Blühpflanzen in ländlichen Gebieten und den sich immer weiter ausbreitenden Städten bieten Wildtieren oft nicht genügend Nahrung. Früher wuchsen auf Äckern, Wiesen und Feldrainen sehr viele Wildblumen, doch das Streben nach maximaler Effizienz und Produktivität in der Landwirtschaft hat dieser Vielfalt ein Ende gesetzt. Ironischerweise bedarf ein Großteil unserer Nutzpflanzen der Bestäubung durch Insekten. Blumen sind daher ein wichtiges Element in der Nahrungsmittelproduktion – oder sollten es zumindest sein.

Gärtner könnten helfen, die entstandenen Lücken zu füllen, kultivieren aber oft Blumen, die Wildinsekten nichts zu bieten haben. In den Katalogen sind immer mehr hochgezüchtete Sorten mit zusätzlichen Kronblättern und möglichst üppigen Blüten zu finden, die vielleicht ihren Züchtern attraktiv erscheinen mögen – Insekten aber leider nicht. Je komplexer die Blüte, umso schwieriger ist es für Bienen und andere Bestäuberinsekten, an Nektar und Pollen zu kommen. Viele Züchtungen enthalten von vornherein relativ wenig Pollen und Nektar, manche gar keinen.

Ungefüllte Sorten hingegen – mit einem Kranz von Zungenblüten um eine tellerförmige Mitte wie bei Kosmeen und Zinnien – bieten Insekten Nahrung in Hülle und Fülle und besitzen überdies oft einen Charme, der ihren hochgezüchteten Verwandten fehlt. Auch Löwenmäulchen ziehen Insekten an – meist Hummeln, die es schaffen, die Unterlippe herunterzudrücken.

Selbst wenn Sie sich immer wieder üppige Sträuße zusammenstellen, verbleiben noch eine Menge Blüten auf Ihrem Schnittblumenbeet. Denken Sie daher bei der Auswahl von Saatgut oder Pflanzen an Bienen, Schmetterlinge und Schwebfliegen, und achten Sie beim Kauf auf das Bienensymbol oder andere Zeichen für „Bienenweide".

Vorsicht, Giftpflanzen!

Überraschend viele weitverbreitete Pflanzen sind giftig, z. B. Lilien und Narzissen. Wenn Sie Kinder oder Haustiere haben, sollten Sie Vorsichtsmaßnahmen ergreifen:

- Schärfen Sie kleinen Kindern ein, keine Pflanzenteile in den Mund zu stecken.
- Lagern Sie Blumenzwiebeln und Saatgut an einem sicheren Ort.
- Lassen Sie keine abgeschnittenen Pflanzenteile und Blumen herumliegen.
- Stellen Sie mit Blumen gefüllte Vasen außerhalb der Reichweite von Kindern und Haustieren auf.
- Entfernen Sie vorsorglich von Blumensträußen herabgefallene Blütenblätter, Pollen und Samen.
- Stellen Sie nicht essbare Pflanzen nicht in die Küche oder in die Nähe des Essplatzes.
- Giftpflanzenverzeichnisse finden Sie im Internet beispielsweise unter *www.giftpflanzen.com* oder auf den Seiten der Informationszentrale gegen Vergiftungen (*www.gizbonn.ag-kim.de*).

Planung eines Schnittblumenbeets

Was macht eine gute Schnittblume aus?

Lange Haltbarkeit

Wenn Sie bereits viele Blühpflanzen im Garten haben, fragen Sie sich vielleicht, warum Sie nicht einfach Ihre vorhandenen Blumen verwenden können. Nun – Sie können, doch nicht alle Blumen eignen sich als Schnittblumen. Manche verlieren ihre Blütenblätter schon wenige Minuten nach dem Schnitt, blühen am Stock aber wochenlang. Sie zu pflücken wäre jammerschade. Andere halten in der Vase bis zu zwei Wochen.

Gerade bei beschränkten Platzverhältnissen ist es ratsam, Blumen zu ziehen, die nach dem Schneiden eine Weile halten. Fünf Tage sind für mich das Minimum. Alle Blumen, die ich in dieses Buch aufgenommen habe, sehen in der Vase mindestens so lange ansehnlich aus – außer Duftwicken und Dahlien. Wicken halten höchstens drei Tage, diesen Nachteil machen sie jedoch mit ihrem unglaublichen Duft, ihrer Schönheit und ihrer Blühfreude wett. Wenn man sie durch ständiges Schneiden an der Samenbildung hindert, bringen sie drei Monate lang Blüte um Blüte hervor – genug, um verblühten Vasenschmuck alle paar Tage zu ersetzen.

Dahlien halten, je nach Sorte, zwischen einem Tag und einer Woche. Es kommt also auf die Wahl der richtigen Sorte an (siehe S. 91). Trotz ihrer Kurzlebigkeit sind Dahlien wegen ihres riesigen Farben- und Formenspektrums dankbare Schnittblumen. Zwischen Spätsommer und Herbst, wenn andere Pflanzen den Zenit ihres Daseins bereits überschritten haben, treiben sie Unmengen von Blüten.

Manche Blumen mit begrenzter Haltbarkeit haben sich einfach in mein Blumenbeet eingeschmuggelt. Kornblumen *(Centaurea cyanus)* z. B. müssen geschnitten werden, sobald die Knospen aufzubrechen beginnen. Werden sie nach dem Aufblühen gepflückt, bereiten sie einem höchstens drei Tage lang Freude, dann verblassen sie. Die Jungfer im Grünen hält sich etwa fünf Tage in der Vase. Ich bringe es nicht fertig, sie aus meinem Beet zu verbannen – sie ist einfach zu schön und zu ungewöhnlich, und da sie nach der Blüte Samenkapseln bildet, die sich frisch und getrocknet verwenden lassen, findet sich immer ein Plätzchen für sie.

Mit ihren filigranen Blüten wirkt die Jungfer im Grünen recht exotisch, doch sie ist leicht zu ziehen. Säen Sie sie einfach an Ort und Stelle aus.

Hohe Produktiviät

Wenn Sie Ihr Zuhause im Frühjahr und im Sommer großzügig mit Blumen schmücken möchten, brauchen Sie besonders blühfreudige Pflanzen. Wahrscheinlich kennen Sie Pflück- oder Schnittsalat, der blattweise geerntet wird und immer wieder neue Blätter produziert. Bei Schnittblumen gilt das gleiche Prinzip – natürlich in Bezug auf die Blüten.

Einjährige sollten den Grundstock Ihres Schnittblumenbeets bilden. Sie vollenden ihren Lebenszyklus innerhalb eines Jahres, d. h., sie keimen, wachsen, blühen und versamen sich in weniger als zwölf Monaten. Die Evolution hat dafür gesorgt, dass sie in dieser Zeit so viele Blüten und Samen wie möglich produzieren, weil dies die langfristigen Überlebenschancen ihrer Art maximiert. Für Gärtnerinnen und Gärtner ist dies ein Glücksfall. Wenn Sie kontinuierlich Blumen pflücken und verwelkte Blüten abknipsen, wird die Pflanze unermüdlich neue Knospen treiben, bis sie schließlich Samen bildet, sich erschöpft hat oder einem Kälteeinbruch zum Opfer fällt. Die besten Einjährigen bringen bis zu drei Monate lang – wenn nicht länger – Blüten hervor, und das alles zum Preis von ein paar Samentütchen.

Originalität

Im internationalen Schnittblumenhandel gelten andere Maßstäbe für die Qualitätsbestimmung von Schnittblumen. Sie sollen möglichst lange, gerade Stiele haben, und die Blütengröße muss einer vorgegebenen Norm entsprechen. Uniformität ist erwünscht. Bei selbst gezogenen Blumen ist Perfektion nicht so wichtig – im Gegenteil: Ein eigenes Schnittblumenbeet zu haben ist auch deshalb so aufregend, weil man es mit einer ganzen Reihe von Arten bestücken kann, die beim Blumenhändler oder im Supermarkt nicht erhältlich sind. So manche kleinere Sorte eignet sich hervorragend als Schnittblume, ist aber wegen ihrer geringen Größe nur selten im Handel zu finden. Zum Glück müssen Sie sich darüber nicht den Kopf zerbrechen. Alles, was Sie brauchen, sind ein paar kleine Krüge und Vasen, die sich zur Präsentation von Schneeglöckchen *(Galanthus)*, Primeln *(Primula vulgaris)* oder fantastisch duftenden Levkojen *(Matthiola)* eignen, um nur einige Beispiele zu nennen.

Der Blumenhandel tut sich schwer mit besonders zarten Pflanzen, weil sie beim Transport leicht Schaden nehmen oder ihn schlicht nicht überstehen würden. Da Ihre Blumen keine weiten Wege zurücklegen, können Sie auf Ihrem Beet beispielsweise Mohn *(Papaver)* und Gräser kultivieren, die im Handel nicht erhältlich sind.

Ein weiterer Vorteil des Gärtnerns besteht darin, dass Ihre Blumen vom Beet sofort in die Vase wandern. Im Gegensatz zu Schnittblumen aus dem Laden sind sie frisch und haben nicht schon tagelang in Versandhallen, auf dem Großmarkt und auf Laderampen herumgestanden.

Bei der Anlage und Gestaltung Ihres Beets können Sie Ihren individuellen Stil entwickeln. Ich für meinen Teil liebe das wildromantische Erscheinungsbild heckenumsäumter Wiesen. Stellen Sie sich vor, Sie seien Jane Austen, die an einem Sommertag durch die Felder spaziert und im Vorbeigehen Blumen pflückt. Natürlich ist es keine gute Idee, Wildblumenwiesen zu plündern – legen Sie sich lieber ein entsprechendes Blumenbeet an, aus dem Sie sich dann hemmungslos bedienen können.

Mit blühfreudigen Einjährigen wie Rittersporn, Skabiose und Großem Zittergras haben Sie den ganzen Sommer über Schnittblumen.

Ihr Schnittblumenbeet

Ein besonderer Ort

Es lohnt sich, im Garten einen eigenen Platz für Schnittblumen zu reservieren. Ich betrachte meine Schnittblumen wie meine Gemüsepflanzen und Obstgehölze auch als Nutzpflanzen. Natürlich können Sie Ihre Schnittblumen an den Rändern des Gartens verteilen, sodass sie sich in ein übergeordnetes Gestaltungsschema einfügen, doch die Anlage eines separaten Blumenbeets, so klein es auch sein mag, bietet vielfältige Vorteile. Es ist viel leichter, ein komplettes Beet neu anzulegen, als die Pflänzchen zwischen Stauden und anderen Mehrjährigen zu verteilen. Darüber hinaus benötigen viele der empfehlenswerten Einjährigen buchstäblich Unterstützung, die sich beetweise am einfachsten anbringen lässt.

Ich bin eine ziemlich ungeschickte Gärtnerin – eine von der Sorte, die beim Einpflanzen von Setzlingen auf austreibende Zwiebeln oder zarte kleine Pflänzchen tritt. Wenn ich auf Zehenspitzen durchs Beet staksen müsste, nur um ein paar Blumen zu pflücken, würde ich unweigerlich andere Pflanzen beschädigen.

Ein separates Schnittblumenbeet ist auch deshalb empfehlenswert, weil die Sortenwahl

unter Umständen stilistisch nicht mit dem Rest des Gartens harmoniert. Es enthebt Sie der Frage, wie sich quietschrosa Schmuckkörbchen und orangefarbene Dahlien wohl in Ihren Rabatten machen. Doch das stichhaltigste Argument für ein Schnittblumenbeet ist vermutlich ein praktisches: Sie können die Blumen nach Herzenslust pflücken, ohne befürchten zu müssen, dass der Garten anschließend wie gerupft aussieht.

Die richtige Lage

Einer der wichtigsten Aspekte bei der Planung eines Schnittblumenbeets ist seine Lage. Fast alle Schnittblumen brauchen viel Sonne – was Schattenbeete von vornherein ausschließt. Das ist im Grunde das Einzige, was Sie unbedingt beachten müssen.

Eine geschützte Lage ist von Vorteil. Stürme können empfindlichen Pflanzen stark zusetzen. Auch trocknet der Wind die Pflanzen aus. Wenn es zusätzlich heiß und sonnig ist, verdunsten sie über die Blätter noch mehr Wasser. Unter solchen Bedingungen drohen insbesondere frisch gesetzte Exemplare, deren Wurzeln sich noch nicht richtig im Boden verankert haben, buchstäblich in Windeseile zu welken.

Mein Schnittblumenbeet liegt ungeschützt in der vorherrschenden Windrichtung (Südwest), und selbst im Sommer weht es hier eigentlich immer. Da es sich in einem Schrebergarten befindet, darf ich auch keinen Windschutz anbringen, was bei einer so kleinen Fläche ohnehin unverhältnismäßig viel Zeit und Geld kosten würde. So habe ich mich mit den Gegebenheiten abgefunden und tue mein Bestes, um meine Pflanzen vor Austrocknung und Windbruch zu schützen, indem ich sie ausreichend wässere und gut abstütze (siehe S. 125–126).

In der gemäßigten Klimazone sind Extremwetterlagen eher selten. Trotzdem gibt es ausgeprägte regionale Unterschiede. Im westlichen Zipfel Cornwalls beispielsweise sinkt das Thermometer nur selten unter null Grad, während in den höher gelegenen Regionen im Norden Englands bis weit ins Frühjahr hinein mit Frost zu rechnen ist. Und während es im Westen Großbritanniens viel regnet, fällt im Süden manchmal über längere Zeit gar kein Niederschlag. Nicht alle Pflanzen gedeihen bei jedem Klima. Sie sollten daher die klimatischen Besonderheiten Ihrer Region kennen, um eine kluge Auswahl treffen zu können.

Frost ist wahrscheinlich der wichtigste Klimafaktor, der bei der Anlage des Beets zu berücksichtigen ist. Besonders in höheren Lagen herrscht häufiger Frost, und da kalte Luft schwerer ist als warme, sammelt sie sich in Mulden und Tälern. Solche Frostsenken können sich sogar innerhalb eines Gartens bilden.

Die Dauer der Vegetationsperiode entspricht der Zeitspanne zwischen dem letzten Frühjahrsfrost und dem ersten Herbstfrost. Junge, zarte Blätter sind besonders frostanfällig, daher sollten empfindliche Einjährige und Dahlien erst nach den letzten Frühjahrsfrösten ausgepflanzt werden, die natürlich von Jahr zu Jahr variieren. Die „Eisheiligen“, die mit der „kalten Sophie“ am 15. Mai enden, sind für Mitteleuropa ein guter Anhaltspunkt. (Über die Durchschnittswerte europäischer Wetterdaten der vergangenen Jahre kann man sich z.B. auf der Website *www.wetterkontor.de* informieren.) Sie sollten aber immer darauf vorbereitet sein, dass Ihre Pflanzen um die kritischen Tage herum vor Frost geschützt werden müssen.

Ein Schnittblumenbeet sorgt dafür, dass Sie stets nach Herzenslust Blumen pflücken können.

Wenn Sie mit den klimatischen Bedingungen Ihrer Region und dem Mikroklima Ihres Gartens vertraut sind, werden Sie bei der Auswahl Ihrer Pflanzen kaum Fehler machen. In kühlen Gebieten mit feuchten Sommern kränkeln Zinnien oft vor sich hin, und in höher gelegenen Regionen mit kurzer Vegetationsperiode sind robuste Einjährige allemal empfehlenswerter als empfindliche.

Anzeichen für Frostschäden

- Blätter sind braun und trocken.
- Blätter und Stiele werden schwarz.
- Jungpflanzen faulen, weil die Zellen geschädigt sind.

Frostschäden vermeiden

- Schnittblumen nicht in Frostsenken pflanzen.
- Setzlinge nicht zu früh auspflanzen.
- Setzlinge vor dem Auspflanzen abhärten, indem man sie nach und nach an die Außentemperaturen gewöhnt.
- Nicht sicher winterharte Pflanzen im Herbst zum Schutz mit einer Mulchschicht bedecken.
- Dahlienknollen ausgraben, säubern und frostfrei überwintern.
- Wenn Frost vorhergesagt wird, die Pflanzen mit einem Vlies schützen.

Der Boden

Erfolgreiches Gärtnern setzt Kenntnisse über die Bodenbeschaffenheit voraus. Bodenkunde ist faszinierend und ziemlich kompliziert, doch um Schnittblumen zu ziehen, reichen Grundkenntnisse aus.

Ehe Sie irgendetwas anderes unternehmen, prüfen Sie den pH-Wert Ihres Bodens, denn dieser hat Einfluss darauf, welche Nährstoffe Ihren Pflanzen zur Verfügung stehen. Die meisten Schnittblumen gedeihen am besten bei einem neutralen pH-Wert (pH 7), tolerieren aber auch leicht saure oder leicht alkalische Böden (pH-Wert 6,5 bzw. 7,5). Einige Pflanzen aus der Familie der Kreuzblütengewächse (Brassicaceae), wie z. B. Goldlack und Levkojen, bevorzugen alkalische Böden.

Wenn Ihr Boden die genannten Grenzwerte in die eine oder andere Richtung überschreitet, verzweifeln Sie nicht – es bedeutet noch lange nicht, dass Sie Ihren Traum vom eigenen Schnittblumenbeet begraben müssten. Der pH-Wert des Bodens lässt sich verändern, doch das erfordert Zeit, Geld und etwas Mühe, und das Ergebnis ist nicht von Dauer.

Die beste Lösung für problematische Böden sind Hochbeete, die mit Kompost und gekauftem Mutterboden aufgefüllt werden. Das hört sich nach sehr viel Arbeit an, lohnt sich aber, denn sind die Beete erst einmal angelegt, reicht es aus, sie einmal pro Jahr mit frischem Kompost zu versorgen. Sie müssen nicht einmal besonders hoch aufgeschüttet werden: Die meisten Einjährigen sind Flachwurzler und begnügen sich mit einer Bodentiefe von 15–20 Zentimetern. Wenn Sie Dahlien und Sonnenblumen anpflanzen möchten, ist etwas mehr Erdreich erforderlich.

Hochbeete sind darüber hinaus eine gute Lösung, wenn der Gartenboden sehr steinig

Ein gesunder Boden voller Würmer ist die beste Voraussetzung für ein prachtvolles Schnittblumenbeet.

oder ausgelaugt ist oder das Wasser schlecht abfließt. Dies ist in Neubaugebieten häufig der Fall. Die Erde in Hochbeeten erwärmt sich im Frühling besonders schnell, was eine frühere Keimung von Saatgut zur Folge hat. Aus praktischen Gründen sollten die Beete nicht breiter als 1,25 Meter sein, sodass Sie die Mitte erreichen können, ohne sich zu verrenken oder die frisch gelockerte Erde platt treten zu müssen.

Der Bau eines Hochbeets muss nicht teuer sein. Besorgen Sie sich ein paar Bretter im nächstbesten Baumarkt oder in einem nahe gelegenen Sägewerk oder durchforsten Sie die Kleinanzeigen Ihrer Lokalzeitung nach gebrauchten Holzdielen. Mit etwas Überredungskunst können Sie einem Schreiner oder Zimmerer aus Ihrem Bekanntenkreis auch geeignetes Abfallholz abschwatzen.

Einheimische Harthölzer, wie z. B. Eiche oder Esskastanie, vertragen kalte Temperaturen am besten und sind haltbarer als Weichhölzer. Verwenden Sie nach Möglichkeit keine chemisch imprägnierten Hölzer. Wenn Sie Ihre Bretter mit einem Imprägnieranstrich versehen möchten, verarbeiten Sie ein ökologisch unbedenkliches Holzschutzmittel. Die Regenwürmer werden es Ihnen danken.

Die Anlage definierter Beete ist zu empfehlen, selbst wenn der Boden in bestmöglichem Zustand ist und den optimalen pH-Wert hat. Sie müssen das Bodenniveau nicht anheben,

Kleine Bodenkunde

Lehmböden speichern Wasser und Nährstoffe gut. Sie neigen aber zu Verdichtung und Staunässe. Im Frühling erwärmen sie sich nur langsam. Wenn man die Drainage verbessert, eignen sie sich gut zur Kultivierung von Schnittblumen.

Sandböden haben einen geringen Anteil an Tonpartikeln und können nur wenig Wasser speichern. Nährstoffe werden leicht ausgeschwemmt, sodass die Beete regelmäßig bewässert und gedüngt werden müssen. Im Frühling erwärmen sich Sandböden schnell.

Schluffböden sind fruchtbarer als Sandböden und speichern das Wasser besser, trocknen aber schneller aus als Lehmböden. Auch sie neigen zur Verdichtung.

Ein Schnittblumenbeet sollte so schmal sein, dass Sie beim Blumenpflücken oder Unkrautjäten nicht hineintreten müssen. So vermeiden Sie, dass sich der Boden verdichtet.

sollten die Beete aber mit Holzplanken oder alten Backsteinen einfassen und zwischen ihnen Pfade anlegen, um sich die Gartenarbeit zu erleichtern. So können Sie auch bei nassem Wetter bequem zwischen ihnen herumlaufen und müssen nicht ständig darauf achten, die Beetränder niederzutrampeln. In meinem Garten habe ich die Pfade mit einer Unkrautfolie ausgelegt und mit Rindenmulch bedeckt. Die Beete sind mit flach eingelassenen Eichendielen eingefasst, damit die Erde in den Beeten und der Rindenmulch auf den Wegen bleiben. Die Pfade sind 90 Zentimeter breit, sodass eine Schubkarre bequem hindurchpasst. Hölzerne Pfosten an den vier Ecken der Beete dienen zur Befestigung von Pflanzennetzen und verhindern, dass der Gartenschlauch beim Wässern zwischen die Pflanzen gerät und sie beschädigt.

Tipps zur Gesunderhaltung des Bodens

- Graben Sie möglichst wenig um.
- Mulchen Sie einmal pro Jahr mit Kompost, am besten im Herbst.
- Laufen Sie nicht im Beet herum.
- Bei Frost oder Nässe den Boden nicht bearbeiten.
- Verzichten Sie auf Unkrautvernichtungsmittel und Kunstdünger. Sie können das empfindliche Bodengleichgewicht stören und den Regenwürmern schaden, die für einen gesunden Boden unverzichtbar sind.

Die Bodenstruktur

Böden setzen sich aus verschiedenen Bestandteilen zusammen, und deren Mengenverhältnis bestimmt die Bodenstruktur und die Eigenschaften des Bodens.

Die einfachste Möglichkeit zur Bestimmung der Bodenstruktur ist das Formen einer „Bodenwurst“. Nehmen Sie eine Handvoll Erde aus Ihrem späteren Blumenbeet auf, geben Sie ein wenig Wasser dazu, und formen Sie die Mischung in der Hand zu einer Kugel. Fällt der Klumpen in Stücke, ist Ihr Boden sehr sandig. Hält er, versuchen Sie ihn zu einer Wurst zu rollen. Wenn er sich weich, fast seifig anfühlt und beim Rollen zunächst die Form behält, dann aber auseinanderbricht, hat der Boden einen hohen Schluffanteil. Fühlt die Wurst sich klebrig an und backt länger zusammen, ist der Boden sehr lehmhaltig.

Die meisten Böden lassen sich nicht eindeutig einer bestimmten Kategorie zuordnen, alle profitieren jedoch von einer Kompostzugabe, die den Wasserabfluss verbessert, die Erde mit Nährstoffen anreichert und die Vermehrung nützlicher Bodenorganismen fördert. Das alles ist für einen gesunden Boden wichtig. Sehr schweren Lehmboden sollten Sie kalken, denn der Kalk bindet die Tonpartikel, macht sie krümelig und verbessert dadurch sowohl die Bodenstruktur als auch die Drainage. Die beste Zeit zum Ausbringen von Kalk ist der Herbst. Welche Menge an Kalk Sie benötigen, hängt von Ihrem Boden ab. Bei Bedarf holen Sie am besten fachlichen Rat ein.

Lassen Sie sich von diesem Ausflug in die Bodenkunde bitte nicht entmutigen. Alle Pflanzen, die ich Ihnen in diesem Buch ans Herz lege, sind einfach zu kultivieren und ziemlich anspruchslos. Versuchen Sie einfach, ihnen die bestmöglichen Startbedingungen zu geben, und Sie werden mit einer reichen Blütenpracht belohnt.

Grundausstattung

- Grabgabel und Spaten
- Rechen und Hacke
- Pflanzschaufel
- Flacher Korb
- Schnur
- Gartenschere
- Handschuhe
- Eimer
- Gartenschlauch oder Gießkanne

Gartenwerkzeuge müssen nicht teuer sein. Sehen Sie sich auf Flohmärkten um, oder fragen Sie Freunde und Verwandte, ob bei ihnen überflüssige Gartengeräte herumstehen.

Werkzeuge

In meinen Augen sind alte, gut erhaltene Gartengeräte unschlagbar. Durch jahrelangen Gebrauch geglättete Holzgriffe fühlen sich so viel angenehmer und wärmer an als die Plastikgriffe moderner Gartenwerkzeuge. Auch können Sie beim Kauf Geld sparen. Trödler und Flohmärkte sind vielversprechende Bezugsquellen. Auch ein Blick ins Internet kann sich lohnen.

Fragen Sie Familienmitglieder und Freunde, ob bei ihnen womöglich ein Spaten in der Scheune liegt und der Wiederverwendung harrt. Ich habe die Gartengeräte, mit denen ich meine Blumenbeete bearbeite, von meinem angeheirateten Opa Eddie geerbt. Er war selbst ein begeisterter Gärtner, und es erfüllt mich mit Freude, seine Werkzeuge weiterverwenden zu können.

Was ist Mergel?

Mergel besteht aus Tonmineralien und Kalksteinpartikeln. Der Kalkstein wiederum ist aus Kalkschlamm, den abgelagerten Kalkschalen verschiedener fossiler Kleinstlebewesen, entstanden. Dank seiner Zusammensetzung ist Mergel ein wunderbarer natürlicher Dünger. Allerdings belastet sein Abbau die Umwelt. Als Alternative bietet sich eine Mischung aus Kalk und Algenpulver an.

Vorbereitung des Beets

Wenn Sie ein Hochbeet anlegen möchten, lockern Sie zunächst mit einer Grabgabel den Untergrund und füllen das Beet anschließend mit einer Mischung aus Muttererde und Kompost auf. Liegt Ihr Beet auf Bodenniveau, entfernen Sie alle Unkräuter, graben Sie es um, und mulchen Sie es mit Kompost. Vielerorts erhält man Kompost über die Gemeinde- oder Stadtverwaltung. Sie können ihn einfach auf der Erde verteilen – die Würmer werden ihn für Sie in die Erde einarbeiten.

Blumen aus der Familie der Kreuzblütler (Brassicaceae), wie beispielsweise Levkojen und Goldlack, gedeihen auf sauren Böden besser, wenn Sie vor dem Pflanzen eine Mischung aus Algen und Kalk (siehe Kasten „Was ist Mergel?“, S. 30) ausbringen.

OBEN Rindenmulch eignet sich hervorragend als Belag für die Pfade zwischen den Beeten. Legen Sie eine Unkrautfolie darunter.

LINKS Kompost ist ein natürlicher Bodenverbesserer. Verteilen Sie ihn einfach auf dem Beet – die Würmer werden ihn in die Erde einarbeiten.

Pflanzpläne

Die folgenden Pflanzpläne sollen Ihnen als Ansporn und Anregung für die Gestaltung eigener Blumenbeete dienen.

Der erste Plan (siehe S. 33) richtet sich an Gärtnerinnen und Gärtner mit wenig Platz und/oder wenig Zeit. Das Beet ist 2,50 Meter lang und 1,25 Meter breit – genau das Richtige für Anfänger. Als Bepflanzung habe ich Blumen vorgesehen, die sich leicht aus Samen ziehen lassen oder als Containerware in Gartencentern oder Gärtnereien erhältlich sind. Diese Mischung aus Ein- und Zweijährigen, ergänzt um eine schöne Dahlie, wird Sie vom späten Frühjahr bis weit in den Herbst mit Blumen versorgen. Der Ertrag wird groß genug sein, um kleine Blumensträuße zu binden.

Die anderen Pläne (siehe S. 34–35) sind für drei Meter lange und 1,25 Meter breite Beete konzipiert, lassen sich aber an jede beliebige Beetgröße anpassen. Damit sich die Beete vom Rand aus gut bearbeiten lassen, sollte eine Breite von 1,25 Meter nicht über-, sondern eher unterschritten werden. Die Länge des Beets können Sie nach Gusto festlegen.

Die „Einsteigerbeete“ werden mit anspruchslosen Blumen bepflanzt, die sich problemlos aus Samen ziehen lassen und bei allen Witterungsverhältnissen gedeihen. Die „Beete für Fortgeschrittene“ enthalten darüber hinaus auch Blumen, die ein bisschen schwieriger zu ziehen sind.

Mit einer Pflanzliste ist der Anfang gemacht, und schon bald können Sie eimerweise Blumen ernten.

Zwiebelgewächse sollten Sie an Stellen setzen, die für später zu setzende Einjährige und Dahlien reserviert sind – so können sie nach der Blüte in Ruhe die Blätter einziehen. Als Beeteinfassung bieten sich Primeln und kleinwüchsige Zwiebelblüher an, z. B. Traubenhyazinthen.

In den Einkaufslisten ist jeweils die empfohlene Anzahl der Pflanzen pro Beet angegeben, doch Sie müssen sich nicht sklavisch daran halten. Die Zahlen dienen lediglich als Richtwerte. Ich stelle fast jedes Mal, wenn ich mich ans Einpflanzen begebe, fest, dass sich manche Sämlinge besser entwickelt haben als andere, und muss ein wenig improvisieren. Zu Beginn wirkt jedes neu angelegte Beet wie vom Reißbrett, doch schon bald werden die Pflanzen den vorhandenen Platz ausfüllen und einen kunterbunten Blütenteppich bilden.

Kleines Beet

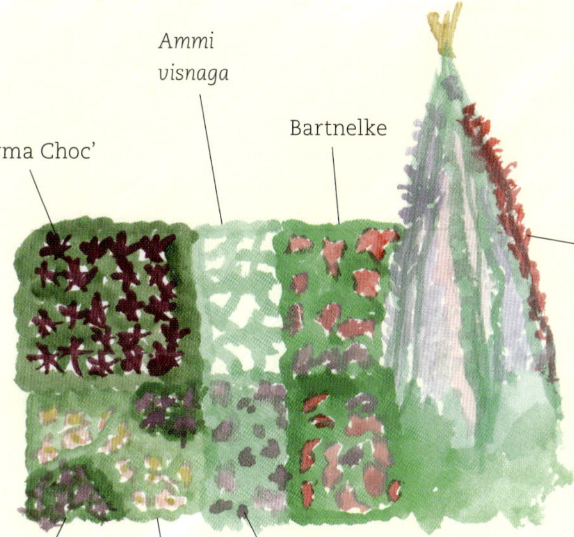

Zweijährige Levkojen können Sie im Frühsommer durch Dahlien ersetzen.

Fassen Sie das Beet mit niedrigen Zwiebelpflanzen wie *Narcissus* 'Tête-à-tête' ein.

Einkaufsliste

- 1 × Dahlie 'Karma Choc'
- 2 × Zahnstocher-Ammei *(Ammi visnaga)*
- 4 × Bartnelke *(Dianthus barbatus)*
- 12 × Duftwicke *(Lathyrus odoratus)*
- 30 × Narzisse *Narcissus* 'Tête-à-tête'
- 2 × *Scabiosa atropurpurea* 'Black Cat'
- 2 × *Cosmos bipinnatus* 'Candy Stripe'
- 2 × *Daucus carota* 'Black Knight'
- 6 × Levkoje *(Matthiola)*

Beete für Einsteiger

Einkaufsliste: Beet 1

- 1 × Dahlie 'Karma Naomi'
- 3 × *Cosmos* 'Candy Stripe'
- 2 × Bartnelke *(Dianthus barbatus)*
- 2 × *Daucus carota* 'Black Knight'
- 3 × Mutterkraut *(Tanacetum parthenium)*
- 20 × Zierlauch *(Allium)*
- 2 × Zierlauch *(Hesperis matronalis)*
- 3 × Skabiose
- 1 × Dahlie 'Karma Pink Corona'
- 2 × *Helianthus debilis* 'Vanilla Ice'

Einkaufsliste: Beet 2

- 2 × Nachtviole *(Hesperis matronalis)*
- 3 × Skabiose
- 12 × Duftwicke *(Lathyrus odoratus)*
- 4 × Rittersporn (Consolida)
- 5 × Kornblume *(Centaurea cyanus)*
- 2 × Bartnelke *(Dianthus barbatus)*
- 2 × Zahnstocher-Ammei *(Ammi visnaga)*
- 30 × Traubenhyazinthe *(Muscari)*
- 3 × Mutterkraut *(Tanacetum parthenium)*

Beete für Fortgeschrittene

Beet 3

Ersetzen Sie zweijährige Levkojen im Frühsommer durch Zinnien.

Beet 4

Setzen Sie spät blühende Zwiebelgewächse, z. B. Gladiolen, zwischen die Anemonen.

Einkaufsliste: Beet 3

- 2 x Strandflieder *(Limonium sinuatum)*
- 3 x Löwenmäulchen *(Antirrhinum)*
- 4 x Garten-Anemone *(Anemone coronaria)*
- 4 x Zinnie *(Zinnia elegans)*
- 2 x Wolfsmilch *(Euphorbia oblongata)*
- 4 x Levkoje *(Matthiola)*
- 4 x Silberblatt *(Lunaria annua)*
- 2 x Islandmohn *(Papaver nudicaule)*
- 6 x *Nigella damascena* 'Miss Jekyll'
- 8 x Gladiole

Einkaufsliste: Beet 4

- 5 x Blaudolde *(Trachymene coerulea)*
- 2 x Islandmohn *(Papaver nudicaule)*
- 6 x *Nigella damascena* 'Miss Jekyll'
- 2 x Strandflieder *(Limonium sinuatum)*
- 3 x Löwenmäulchen *(Antirrhinum)*
- 4 x Garten-Anemone *(Anemone coronaria)*
- 5 x Leberbalsam *(Ageratum houstonianum)*
- 2 x Wolfsmilch *(Euphorbia oblongata)*
- 8 x Gladiole

Einjährige
& Zweijährige

Empfehlenswerte Schnittblumen

Dieser Teil des Buches widmet sich den Blumen, die meiner Ansicht nach einen Platz in Ihrem Blumenbeet verdient haben. Die Auswahl beruht auf meinen eigenen Erfahrungen und setzt sich überwiegend aus Ein- und Zweijährigen zusammen.

Bei den Einjährigen unterscheidet man zwei Typen: Die robusteren können im Frühherbst oder im Frühjahr ausgesät werden. Wenn Sie beides tun, werden Sie vom Spätfrühling bis zu den ersten Frösten mit blühenden Blumen belohnt. Die empfindlicheren stammen aus wärmeren Regionen und vertragen keinen Frost. Sie werden im Haus vorgezogen und nach dem letzten Frost ausgepflanzt oder zur Frühlingsmitte, wenn sich der Boden bereits erwärmt hat, an Ort und Stelle ausgesät. Diese Pflanzen laufen ab dem Spätsommer zu Hochform auf und blühen bis weit in den Herbst. Zweijährige sind in den letzten Jahren etwas aus der Mode gekommen. Man sät sie im Früh- und Hochsommer, wenn auf der Fensterbank und im Frühbeet wieder Platz für Saatschalen ist.

Der Schlüssel zum Erfolg liegt in der optimalen Kombination der verschieden Typen von Ein- und Zweijährigen. Ziel ist es, möglichst lange möglichst viele Blüten zu erhalten. Die folgende Auswahl erhebt keinen Anspruch auf Vollständigkeit, hat sich aber auf dem begrenzten Platz in meinem Garten bewährt.

Im Herbst ausgesäte Kornblumen blühen im Spätfrühjahr des folgenden Jahres.

Echte und falsche Einjährige

Echte Einjährige keimen, blühen und versamen sich innerhalb eines Jahres. Sie sind an unser Klima angepasst. Viele bei uns als Einjährige kultivierte Pflanzen sind in Wirklichkeit nicht winterharte Mehrjährige. Sie vertragen keinen Frost und müssen jedes Jahr neu gesät werden. Sie werden im Warmen vorgezogen.

Robuste Einjährige

Trivialname **Kornblume**
Botanisch ***Centaurea cyanus***
Familie **Asteraceae**
Einjährig
Vorzüge **Verleiht Sträußen ein Bauerngartenflair**

Kornblume

Die in Europa heimische Kornblume war einst auf Wiesen und Feldern weit verbreitet. Das Blau ihrer Blüten legte sich im Frühsommer wie ein Schleier über das Land – es muss ein atemberaubender Anblick gewesen sein. Ungeachtet ihrer Schönheit galt sie lange Zeit als Unkraut. Im 20. Jahrhundert verschwand sie fast völlig von der Bildfläche und war sogar vom Aussterben bedroht. Heute steht sie unter Naturschutz.

Wegen ihrer intensiven Blütenfarbe, der sie auch den Trivialnamen „Zyane" verdankt, war die Kornblume lange eine populäre Schnittblume und wurde oft von Landarbeitern gepflückt,

Mit Kornblumen holen Sie sich den Zauber einer Sommerwiese ins Haus. Kombinieren Sie sie mit Gräsern und Wildkräutern.

die sich mit dem Verkauf der Sträuße ein bisschen Geld dazuverdienten. Kaiser Wilhelm I. ernannte sie zur „preußischen Blume", in Estland gilt sie als Nationalblume, und in Frankreich, wo man sie *bleuet de Français* nennt, symbolisiert sie den Tag des Waffenstillstands und spielt damit eine ähnliche Rolle wie die Mohnblume in Großbritannien.

Kornblumen sind leicht zu ziehen. Mit ihrem aufrechten Wuchs, ihren schmalen Stängeln und den lanzettlichen Blättern beanspruchen sie nur wenig Platz. Es gibt sie nicht nur in Blau, sondern auch in anderen Farbtönen wie Rosa und Weiß. 'Black Ball' hat die Farbe schweren Rotweins und wirkt in Begleitung von Limettengrün oder Zitronengelb atemberaubend. Außerdem werden ihre Blüten im Verblühen nicht weiß.

Als robuste Einjährige können Kornblumen für eine frühe Blüte im Folgejahr schon im Herbst ausgesät werden. Im Laufe des Frühjahrs ausgesät, blühen sie zehn bis zwölf Wochen später. Die Pflanzen werden etwa 70 Zentimeter hoch. Im Vorjahr ausgesäte Kornblumen entwickeln sich kräftiger und erreichen manchmal bis zu 90 Zentimeter Höhe.

Aussäen Im Frühherbst oder im Frühjahr an Ort und Stelle oder in Saatschalen in der Wohnung.
Auspflanzen Sobald sich der Boden erwärmt hat.
Blütezeit Herbstaussaat: Spätfrühling; Frühlingsaussaat: ab dem Frühsommer.
Entspitzen Wenn die Pflanze etwa 15 cm hoch ist.
Standort Volle Sonne. Gedeiht am besten auf nährstoffarmen Böden.
Düngen Nicht notwendig.
Höhe 60–80 cm.
Umfang 20 cm.
Abstand 25–30 cm.
Stütze Verwenden Sie ein Pflanzennetz oder stützen Sie sie mit Stäben.
Empfehlenswerte Sorten 'Blue Boy, 'Black Ball'. Die Mischung 'Polka Dot Mix' blüht in Rosa-, Weiß- und Blautönen. Eine wohlriechende Verwandte ist *Amberboa moschata*, die Duftende Bisampflanze.
Schneiden Schneiden Sie Kornblumen, wenn sich die Knospen zu färben beginnen. Zu früh geschnittene Exemplare gehen womöglich nicht auf, bereits aufgeblühte halten nur ein paar Tage.
Weitere Maßnahmen Keine.

Rittersporn

Dieser einjährige Verwandte des Staudenrittersporns *(Delphinium)* ist die perfekte Vasenblume. Er hat zartere Blätter und Blüten als sein großer Cousin und ist blühfreudiger. Die Knospen, die dicht an dicht an den hohen, schlanken Stielen sitzen, öffnen sich von unten nach oben. Garten-Rittersporn hält in der Vase bis zu zwei Wochen lang – an einem kühlen Ort auch länger.

Die Pflanze ist im westlichen Mittelmeerraum beheimatet und hat zart gefiederte Blätter. Die Blüten sind flach und besitzen auf der Rückseite einen Sporn wie die Akelei. Das Farbspektrum reicht von Weiß über Pink bis zu dunklem Purpur; es gibt gefüllte und ungefüllte Sorten.

Garten-Rittersporn ist leicht zu kultivieren, wird aber am besten in der Wohnung vorgezogen, weil Schnecken ihn sonst ruck, zuck wegfressen. Lassen Sie die Pflänzchen auf der Fensterbank oder im Frühbeet oder Gewächshaus heranwachsen, bis sie groß und kräftig genug sind zum Auspflanzen. Regelmäßiger Schnitt und das Entfernen verblühter Ähren fördern die Bildung weiterer Blüten. Am liebsten stelle ich

Rittersporn verleiht Ihren Blumensträußen ein echtes Bauerngartenflair.

Trivialname **Rittersporn**
Botanisch ***Consolida ajacis***
Familie **Ranunculaceae**
Einjährig
Vorzüge **Die langen Blütenstände setzen vertikale Akzente**

Rittersporn solo in die Vase, doch seine schlanken, hoch aufragenden Blütenstände setzen auch in gemischten Arrangements reizvolle Akzente. Entfernen Sie verwelkte Blüten, damit Ihr Strauß immer ordentlich aussieht. Getrocknete Blütenblätter können Sie als Konfetti verwenden. Breiten Sie sie einfach auf Küchenkrepp aus, und lassen Sie sie an einem trockenen, warmen Ort durchtrocknen. Zur Aufbewahrung eignen sich luftdichte Behälter. Die Samen des Garten-Rittersporns sind giftig und sollten daher für Kinder und Haustiere unzugänglich aufbewahrt werden.

Aussäen Im Frühherbst und zeitigen Frühjahr.
Auspflanzen Mitte bis Ende des Frühjahrs.
Blütezeit Herbstaussaat: ab Frühjahrsende; Frühjahrsaussaat: ab Frühsommer. Die Blüte erstreckt sich über mehr als zwei Monate.
Entspitzen Wenn die Pflanze etwa 10 cm groß ist.
Standort Mäßig nährstoffreicher, durchlässiger Boden, volle Sonne.
Düngen Mulchen mit Kompost im Herbst oder Frühjahr genügt.
Höhe 80 cm.
Umfang 30 cm.
Abstand 35–40 cm.
Stütze Einzeln mit Stäben oder lassen Sie die Pflanzen durch ein Netz wachsen.
Empfehlenswerte Sorten Es gibt Saatgut in Einzelfarben oder in Farbmischungen. Die 'Giant-Imperial'-Serie z. B. bietet gefüllte Blüten in einer ganzen Palette von Weiß-, Pink- und Purpurtönen.
Schneiden Wenn sich die untersten Blüten öffnen.
Weitere Maßnahmen Nach dem Schneiden für einige Stunden in kühles Wasser stellen.

Schlafmohn

Ich habe den Schlafmohn nicht wegen seiner Blüten, sondern wegen seiner Samenkapseln in dieses Buch aufgenommen. In vielen Teilen der Welt wird er wegen seines alkaloidhaltigen Milchsafts angebaut, aus dem sowohl Opium als auch Schmerzmittel gewonnen werden. Es gibt nur wenige Pflanzen, die eine gleichermaßen heilsame wie verheerende Wirkung entfalten können. Beim Anblick der zarten, schönen Blüten mit ihren papierdünnen, im Wind flatternden Kronblättern kann man sich nur schwer vorstellen, dass um des Mohnsafts willen Kriege geführt werden.

Trivialname **Schlafmohn**
Botanisch ***Papaver somniferum***
Familie **Papaveraceae**
Einjährig
Vorzüge **Interessante, schön geformte Samenkapseln**

Während Schlafmohn in Österreich und in der Schweiz kultiviert werden darf, ist der Anbau in Deutschland verboten. Ausnahmegenehmigungen erteilt die Bundesopiumstelle (Anträge unter *www.bfarm.de/DE/Service/Formulare/functions/Bundesopiumstelle/BtM/form-inhalt.html* abrufbar). Saatgut ist trotz des Anbauverbots problemlos erhältlich, und auf Brachland und Schuttplätzen gedeiht die Art ganz ungeniert.

Für uns Menschen sind in erster Linie die Kapseln des Schlafmohns von Interesse – für die Bienen sind es die Blüten.

Sämtliche Teile der Pflanze sind giftig – ausgenommen die voll ausgereiften Samen, die gerne zum Backen verwendet werden.

Schlafmohn welkt schnell und eignet sich daher nicht als Schnittblume. Doch die wunderschönen blaugrünen, kugelförmigen Samenkapseln mit den flachen „Deckeln" verleihen Sträußen einen ganz besonderen Akzent. Wenn die Kapsel reift, hebt sich der „Deckel" ein wenig, und an der Unterseite werden winzige Löcher sichtbar. Bei der kleinsten Bewegung rieseln unzählige winzige schwarzgraue Samen auf die Erde – als habe jemand sie mit dem Pfefferstreuer verteilt. Schneiden Sie die Stängel mit den Kapseln, ehe die Samen ausgereift sind. Zum Trocknen binden Sie einfach die Stängel zusammen, stecken die Kapseln kopfüber in Papiertüten, und hängen sie an einen warmen, trockenen Ort. Die Samen, die sich in den Tüten sammeln, können Sie im Jahr darauf aussäen.

Aussäen Im Frühherbst und im späten Frühjahr an Ort und Stelle oder im Frühjahr in Topfplatten.
Auspflanzen Ab Mitte des Frühjahrs bis in den Frühsommer.
Blütezeit Vom Frühsommer bis zum Frühherbst.
Entspitzen Nicht notwendig.
Standort Volle Sonne, durchlässiger, magerer Boden.
Düngen Nicht notwendig.
Höhe 70 cm.
Umfang 25 cm.
Abstand 25 cm.
Stütze Nicht notwendig.
Empfehlenswerte Sorten Da Schlafmohn leicht hybridisiert, sind sehr viele Sorten erhältlich. Suchen Sie sich eine aus, deren Blüten Sie ebenso ansprechen wie die Kapseln. Neben einfachen gibt es auch gefüllte Sorten, deren Blüten an Pfingstrosen erinnern, oder solche mit „Wuschelköpfen" aus fransigen Blütenblättern. Die Sorte 'Hen and Chickens' bildet eine große Samenkapsel aus, die von zahlreichen kleineren Samenkapseln umringt ist – wie eine Henne von ihren Küken.

Tragen Sie Handschuhe, wenn Sie mit Schlafmohn hantieren; waschen Sie sich danach die Hände, und reinigen Sie die Geräte.

Schneiden Bevor die Samenkapseln ausgereift sind und sich öffnen.
Weitere Maßnahmen Keine.

Jungfer im Grünen

Der Trivialname dieser zarten, aus keinem Bauerngarten wegzudenkenden Pflanze rührt daher, dass die Blüten von einem Kranz aus Fiederblättchen umgeben sind. In Deutschland wird sie schon seit Jahrhunderten kultiviert, beheimatet ist sie jedoch im südlichen Mittelmeerraum, in den Balkanländern und in Nordafrika. Auf leichtem, durchlässigem Boden und bei voller Sonne gedeiht sie am besten. Ihr botanischer Name leitet sich vom lateinischen Wort *nigellus* für „schwarz" ab und bezieht sich auf die Farbe der Samen. (*Nigella* ist der wissenschaftliche Name für die Gattung Schwarzkümmel.) Ihre zarten, papierartigen Blütenblätter erinnern mich an elisabethanische Halskrausen, vor ihnen heben sich die hellgrünen, verschnörkelten Staubblätter und Griffel ab wie gemalt.

Die Jungfer im Grünen ist schlank und wächst aufrecht, sodass sich auf kleinem Raum viele Pflanzen unterbringen lassen. Sie blüht nicht besonders lange, bildet aber wunderschöne Samenkapseln aus, die wie stachelige, gestreifte Ballons aussehen. Frisch oder getrocknet sind sie ein Blickfang in jedem Blumenarrangement. Ich ziehe pro Jahr immer nur eine Generation heran, freue mich an den Blüten und ernte dann die Samenkapseln, um sie zu trocknen. Bei einer Aussaat im Herbst oder zu Beginn des Frühjahrs ist die Blüte im Hochsommer vorbei. Möchten Sie die Blüte bis zum Spätsommer verlängern, müssen Sie zwischen Frühlings- und Sommermitte alle drei Wochen nachsäen.

Jungfer im Grünen wird am besten an Ort und Stelle ausgesät, denn ihre Wurzeln sind empfindlich und reagieren auf Störungen höchst ungehalten. Wenn Sie für die Aussaat Topfplatten verwenden, sollten Sie die Pflanzen umsetzen, ehe sie die Behälter zu durchwurzeln beginnen. Bei sehr lehmiger Erde und in Regionen mit heftigen Niederschlägen empfiehlt es sich, etwas grobkörnigen Sand in den Boden einzuarbeiten, um die Drainage zu verbessern. Verwenden Sie keinen Dünger, denn die Jungfer im Grünen gedeiht am besten auf mageren Böden. Düngergaben würden nur dazu führen, dass sie ins Kraut schießt und vergleichsweise wenige Blüten hervorbringt.

Die Jungfer im Grünen ist eine dankbare Schnittblume mit filigranen Blüten und interessanten Samenkapseln.

Trivialname **Jungfer im Grünen**
Botanisch ***Nigella damascena***
Familie **Ranunculaceae**
Einjährig
Vorzüge **Romantische Blume, perfekt für Hochzeitssträuße, sehr dekorative Samenkapseln**

Aussäen Im Frühherbst sowie das ganze Frühjahr hindurch an Ort und Stelle. Um die Blütezeit zu verlängern, säen Sie alle 3–4 Wochen nach.

Blütezeit Herbstaussaat: Ende des Frühjahrs; Frühjahrsaussaat: Hochsommer.

Entspitzen Nicht notwendig.

Standort Volle Sonne, durchlässiger, magerer Boden.

Düngen Nicht notwendig.

Höhe 50 cm.

Umfang 25 cm.

Abstand 25 cm.

Stütze Verwenden Sie ein Pflanzennetz.

Empfehlenswerte Sorten 'Miss Jekyll' (hellblau); 'Persian Rose' (pink), 'Double White' (weiß; hervorragend für Hochzeitssträuße geeignet). Die Art *Nigella hispanica* hat bizarre dunkelrote Staubgefäße und dunkelblaue Blütenblätter.

Schneiden Wenn sich die Blütenblätter entfalten. Samenkapseln ernten, wenn sie noch grün sind.

Weitere Maßnahmen Keine.

Skabiose

Es gibt einjährige und mehrjährige Skabiosen. Einjährige eignen sich am besten für das Schnittblumenbeet, weil sie am willigsten blühen. Obwohl Skabiosen zur Familie der Kardengewächse gehören, ist ihnen diese Verwandtschaft kaum anzusehen – nur die Samenköpfchen haben eine entfernte Ähnlichkeit mit den Blütenständen von Karden *(Dipsacus)*. Die Purpurskabiose *(Scabiosa atropurpurea)* ist in Südeuropa heimisch und verströmt einen süßen, aber nicht sehr starken Duft.

Der Name „Skabiose" leitet sich vom lateinischen Wort *scabere* („kratzen") her und spielt darauf an, dass die Pflanze früher als volkstümliches Heilmittel gegen Hautkrankheiten und Quetschungen galt.

In dem nicht nur in England verregneten Sommer 2012 gediehen die Skabiosen in meinem Blumenbeet mit am besten. Ich schätze sie vor allem wegen ihrer Vielseitigkeit: Ob voll aufgeblüht oder knospend – in der Vase machen sie immer eine gute Figur. Die Knos-

Trivialname **Skabiose oder Grindkraut**
Botanisch ***Scabiosa atropurpurea*, *S. stellata***
Familie **Dipsacaceae**
Einjährig
Vorzüge **Hält lange in der Vase, ungewöhnliche Samenstände, Insektenweide**

pen sitzen dicht an dicht in einem Kragen aus grünen Kelchblättern. Manche Knospen blühen nach dem Schneiden auf, andere nicht, doch das macht nichts, denn auch die Knospen sind schön. Und als wäre das nicht schon genug, wirken auch die Samenstände in Blumensträußen ausgesprochen attraktiv. Hier kommt der große Vorteil eines eigenen Schnittblumenbeets zum Tragen: Sie können Blumen pflücken, wann immer es Ihnen beliebt – ob sie gerade zu knospen beginnen, in voller Blüte stehen oder bereits verblüht sind.

Die Sternskabiose *(Scabiosa stellata)* 'Pingpong' hat hübsche hellblaue Blüten, doch das Beeindruckendste an ihr sind die kugelrunden, papierartigen, in kleine „Trichter" unterteilten Samenstände, die ein wenig an selbst gebastelte Christbaumkugeln aus Metallfolie erinnern. Jeder „Trichter" enthält ein Samenkorn. Die Samenköpfchen lassen sich frisch verwenden, eignen sich aber auch hervorragend für Trockensträuße.

Aussäen Anfang des Frühjahrs unter Glas.
Auspflanzen Ab Mitte Mai ins Freie.
Blütezeit Vom Hochsommer bis zum ersten Frost.
Entspitzen Nicht notwendig.
Standort Volle Sonne, durchlässiger Boden.
Düngen Im Herbst mit gut verrottetem Kompost mulchen oder im Frühling Kompost untergraben.
Höhe 70–90 cm.
Umfang 35 cm.
Abstand 35–40 cm.
Stütze Skabiosen werden hoch. Verwenden Sie ein Pflanzennetz.
Empfehlenswerte Sorten *Scabiosa atropurpurea* 'Black Cat' und 'Tall Double Mix'; *Scabiosa stellata* 'Pingpong' – blaue Blüten und beeindruckende Samenstände.
Schneiden In jedem Stadium des Auf- und Verblühens, selbst wenn sich dann vielleicht nicht alle Einzelblüten öffnen.
Weitere Maßnahmen Keine.

LINKS *Scabiosa atropurpurea*
RECHTS *Scabiosa stellata* 'Pingpong'

Sonnenblume

Im Gattungsnamen dieser Pflanze verbergen sich die griechischen Wörter *helios* („Sonne") und *anthos* („Blüte"). Die stark an das Himmelslicht erinnernden Blüten haben schon viele frühe Kulturen inspiriert. Für die Inka und Azteken repräsentierten sie den Sonnengott, und die indianischen Ureinwohner Nordamerikas stellen auf ihren Grabstätten Schalen mit Sonnenblumensamen auf. Im 16. Jahrhundert stießen die spanischen Eroberer in Mittel- und Südamerika zum ersten Mal auf Sonnenblumen und brachten ihre Samen mit nach Europa.

Für so manches Kind beginnt die Freude am Gärtnern mit der Aussaat von Sonnenblumen. Sie sind leicht zu ziehen, und die großen Blütenköpfe in fröhlichem Gelb machen einfach gute Laune. Es gibt einjährige und mehrjährige Arten, doch für ein Schnittblumenbeet sind Einjährige vorzuziehen. Eine sorgfältige Auswahl ist angeraten, vor allem bei Platzproblemen. Manche Sorten wachsen zu beeindruckender Größe heran und bringen zum Entzücken vieler Kinder riesige, tellergroße Blütenköpfe hervor, eignen sich jedoch nur bedingt als Schnittblumen – oder möchten Sie zum Blumenschneiden erst auf die Trittleiter steigen müssen? Ich bevorzuge stark verzweigte, etwa 1,50 Meter hohe Sorten, die – im Gegensatz zu ihren unverzweigten Schwestern – besonders viele Blüten hervorbringen.

Sonnenblumen produzieren eine Menge Pollen, den sie überall verstreuen, gerne auch auf cremefarbenen Teppichböden. Wenn Sie aus diesem Grund pollenarme oder pollenfreie Sorten bevorzugen, wählen Sie F1-Hybriden. Deren Nachteil besteht darin, dass sie Bienen kaum Nahrung bieten. Ich habe mich für die Kultivierung von *Helianthus debilis* entschieden. Die Sorte 'Vanilla Ice' beispielsweise wird ungefähr 1,50 Meter hoch, und ihre sehr zahlreichen, relativ kleinen Blütenköpfe mit blassgelben Zungenblüten haben sich den klassischen „Sonnenblumen-Look" bewahrt. Auch diese Sonnenblume verliert Pollen, wegen ihrer geringen Blütengröße aber nicht in rauen Mengen. Kleinblütige Sorten haben überdies den Vorteil,

Trivialname **Sonnenblume**
Botanisch ***Helianthus annuus, H. debilis***
Familie **Asteraceae**
Einjährig
Vorzüge **Fröhliche gelbe Blüten**

Das fröhliche Gelb von Sonnenblumen macht jeden Raum freundlicher.

dass sie sich leichter mit anderen Blumen kombinieren lassen.

Großblütige Sonnenblumen wirken in üppigen Arrangements à la van Gogh großartig, eignen sich aber nicht für gemischte Sträuße. Ihre Stiele und Blütenköpfe sind erstaunlich schwer. Für diese Giganten unter den Sonnenblumen brauchen Sie unbedingt eine Vase, die deren „Kopflastigkeit" etwas entgegenzusetzen hat.

Aussäen Anfang des Frühjahrs im Haus, Mitte des Frühjahrs draußen.

Auspflanzen Mitte bis Ende des Frühjahrs. *Helianthus debilis* ist frostempfindlich. Schützen Sie die Pflanzen gegebenenfalls mit Hauben.

Blütezeit Vom Hochsommer bis zum Herbst.

Entspitzen Wenn die Pflanzen etwa 20 cm hoch sind. Einige Sorten verzweigen sich von selbst und müssen nicht entspitzt werden. Das Entspitzen führt jedoch zu kompakterem, kräftigerem Wuchs.

Standort Volle Sonne, nährstoffreicher, durchlässiger Boden.

Düngen Eine Beinwelldüngung während der Blüte ist zu empfehlen.

Höhe 'Vanilla Ice' wird etwa 150 cm hoch.

Umfang 50 cm. Entspitzte Pflanzen wachsen buschiger und brauchen mehr Platz als unverzweigte Exemplare.

Abstand 50 cm.

Stütze Stabile, fest im Boden verankerte Pfosten.

Empfehlenswerte Sorten *Helianthus debilis* 'Vanilla Ice'; *H. annuus* 'Valentine'.

Schneiden Sobald sich die Blüten öffnen.

Weitere Maßnahmen Keine.

Die Blütenköpfe von 'Vanilla Ice' sind klein genug für Blumensträuße.

Trivialname **Duftwicke**
Botanisch ***Lathyrus odoratus***
Familie **Papilionaceae**
Einjährig
Vorzüge **Starker Duft, lange Blüte**

Duftwicke

Zum ersten Mal schriftlich erwähnt wurde die Wohlriechende Wicke im 17. Jahrhundert. Die frühen Sorten hatten nur kleine Blüten, ihr Duft jedoch war atemberaubend und faszinierte den sizilianischen Mönch Francesco Cupani so sehr, dass er dem englischen Schulmeister und Botaniker Robert Uvedale ein Päckchen mit Saatgut schickte. Uvedale hatte als einer der ersten Engländer im 17. Jahrhundert ein Gewächshaus und züchtete exotische Pflanzen. Heute gilt die Duftwicke 'Cupani' als wilde „Urmutter" aller anderen Duftwickensorten. Sie ist noch heute erhältlich und duftet intensiver als all ihre „Nachkommen".

Wohlriechende Wicken sind inzwischen vereinzelt auch in Blumenläden erhältlich. Die handelsüblichen Kultivare haben oft längere Stiele, größere Blüten und halten länger als ältere Sorten, duften aber längst nicht so intensiv – für meine Begriffe ein immenser Nachteil. Ich bevorzuge stark duftende Sorten. Zwar sind sie in der Vase nach spätestens drei Tagen verwelkt, aber dafür ungeheuer blühfreudig, sodass man mit dem Pflücken kaum nachkommt.

Duftwicken sind kinderleicht zu ziehen. Da die kugelförmigen Samenkörner eine harte Schale haben, wird hin und wieder dazu geraten, sie mit einem Messer anzuritzen, anzufeilen oder vor dem Säen einzuweichen, um die Keimung zu beschleunigen. Meiner Erfahrung nach ist beides nicht notwendig. Falls Sie es ausprobieren möchten: Legen Sie die Samen über Nacht in ein Schüsselchen Wasser, und säen Sie sie am nächsten Tag aus.

Auch über den richtigen Zeitpunkt der Aussaat wird gerne gefachsimpelt. Ich säe Duftwicken am liebsten im Spätwinter in hohe Container, in denen Gartencenter normalerweise Clematis oder andere Kletterpflanzen

Duftwicken verblühen in der Vase recht schnell, doch ich kann mir nicht vorstellen, auf sie zu verzichten.

ausliefern. Duftwicken gedeihen viel besser und sind weniger anfällig für Mehltau, wenn sich ihre langen Wurzeln ungehindert entwickeln dürfen. Auch Trockenperioden stecken sie so besser weg. Säen Sie jeweils fünf Samenkörner einen Zentimeter tief in einen Behälter mit Universalerde, und stellen Sie diesen an einen frostfreien Ort (10–15 °C sind ideal), z. B. auf eine Fensterbank (ohne Heizung darunter!), in ein Frühbeet („kalter Kasten") oder ins Gewächshaus. Wenn Sie die Erde gleichmäßig feucht halten, sollte die Keimung nach zwei bis drei Wochen erfolgt sein.

Um die Blütezeit bis zum Herbst zu verlängern, können Sie zur Mitte des Frühjahrs – dann im Freiland – noch einmal nachsäen. Sobald die Duftwicken zu blühen beginnen, sollten sie ständig gepflückt werden. Entfernen Sie verwelkte Blüten sofort. So hindern Sie die Pflanzen an der Samenbildung und regen sie zu fortlaufender Blütenbildung an.

Die Auswahl an Wohlriechenden Wicken ist riesig. Manche Züchter geben an, wie stark die einzelnen Sorten duften. Wenn Ihnen der Duft wichtiger ist als die Größe der Blüten und die Haltbarkeit, suchen Sie gezielt nach alten Sorten und Kultivaren der Grandiflora-Serie – selbst wenn auf den Samentütchen zu lesen steht, dass sie sich wegen ihrer kurzen Stiele und kleinen Blüten nicht als Schnittblumen eignen.

Hat sich die Blüte erschöpft, schneiden Sie die Duftwicken bis zum Boden ab, und lassen Sie die Wurzeln – die wie bei allen Leguminosen Stickstoff in winzigen Knöllchen anreichern – in der Erde verrotten.

Aussäen Im Spätwinter im Haus. Mitte des Frühjahrs an Ort und Stelle.

Auspflanzen Mitte bis Ende des Frühjahrs.

Blütezeit Vom Frühsommer bis zum Herbst.

Entspitzen Sobald die Pflanzen vier Paar Laubblätter ausgebildet haben.

Standort Volle Sonne und humoser Boden.

Düngen Duftwicken sind Starkzehrer. Geben Sie Kompost, Mist oder Düngerpellets in die Pflanzlöcher. Während der Blütezeit regelmäßig mit Flüssigdünger düngen.

Höhe 1,75 m.

Umfang Hohe Kletterpflanze.

Abstand Pro Stange zwei Samen (siehe S. 128).

Stütze Duftwicken brauchen unbedingt eine Rankhilfe. Bauen Sie ein „Zelt" aus Reisig oder Ruten, oder verwenden Sie ein Pflanzennetz.

Empfehlenswerte Sorten 'Fire and Ice' ist momentan mein Favorit – eine moderne Grandiflora-Züchtung mit relativ langen Stielen und einem unglaublichen Duft, die in der Vase länger hält als andere Kultivare. 'Mrs Collier' ist eine historische Duftwicke mit zarten, elfenbeinfarbenen Blüten; 'Prince Edward of York' muss in England bestellt werden und bringt kleine, kirsch- und magentarote Blüten hervor. Beide Sorten duften wunderbar.

Schneiden Wenn sich die erste Knospe öffnet.

Weitere Maßnahmen Keine.

Ich säe Duftwicken gerne in hohe Clematis-Container, damit sich ihre Wurzeln ungehindert entwickeln können.

Empfindliche Einjährige

Leberbalsam

Ich muss zugeben, dass ich mich für Leberbalsam lange Zeit kaum begeistern konnte, weil in Gartencentern ausschließlich die kleinen, für Rabatten oder Blumenkästen bestimmten Sorten verkauft wurden. Was diese Zwergsorten für manche Menschen so interessant macht, habe ich nie begriffen. Sie sehen mickrig aus, und die Stängel sind einfach zu kurz zum Schneiden. Die Wende kam, als ich auf einige neue, langstieligere Züchtungen stieß, die sich hervorragend als Schnittblumen eignen. An den im Beet verbleibenden flauschigen Blüten tun sich die Schmetterlinge gütlich.

Aussäen Ende des Winters im Haus, am besten in einer beheizbaren Anzuchtschale.
Auspflanzen Nach dem letzten Frost.
Blütezeit Frühsommer bis Frühherbst.
Entspitzen Um 2,5 cm, wenn die Pflanze fünf Laubblätter hat.
Standort Volle Sonne, humoser, gut drainierter Boden.
Düngen Beinwelljauche unterstützt die Blütenbildung. Nicht mit Stickstoff überdüngen.
Höhe 50–65 cm.
Umfang 20 cm.
Abstand 25–30 cm.
Stütze Verwenden Sie ein Pflanzennetz.
Empfehlenswerte Sorten 'Everest Blue', 'Blue Horizon'; 'Red Sea' hat pinkfarbene Blüten.

Trivialname **Leberbalsam**
Botanisch ***Ageratum houstonianum***
Familie **Asteraceae**
Wird einjährig kultiviert
Vorzüge **Prächtige blaue Blüten, kaum im Blumenhandel erhältlich**

Leberbalsam blüht den ganzen Sommer hindurch und hält in der Vase über eine Woche.

Schneiden Wenn die Hälfte der Blütenköpfchen aufgeblüht ist.
Weitere Maßnahmen Vor dem Arrangieren ein paar Stunden in lauwarmes Wasser stellen.

Kosmee

Kosmeen stammen ursprünglich aus Mexiko, lassen sich in unserem kühl-gemäßigten Klima aber überraschend leicht ziehen und sind für ein Schnittblumenbeet wie geschaffen. Obwohl sie sich bei Wärme und Sonnenschein am wohlsten fühlen und einen durchlässigen Boden bevorzugen, haben sich meine Kosmeen sogar in verregneten Sommern erstaunlich gut entwickelt. Kosmeen gehören wahrscheinlich zu den blühfreudigsten Schnittblumen überhaupt. Es gibt sie in allen möglichen Rosa- und Purpurtönen, aber auch in reinem Weiß sowie in Gelb- und Orangeschattierungen (*Cosmos sulphureus* 'Bright Lights'). Die Sorte 'Purity' hat schlichte, margeritenähnliche Blütenköpfe, während die Zungenblüten von 'Seashells' zu Tütchen eingerollt sind. Die gefüllten, gerüschten Blüten von 'Double Click' sehen aus, als habe jemand mit der Schere an den Rändern der Blütenblätter herumgeschnippelt. Für exponierte, dem Wind ausgesetzte Lagen empfehlen sich Kultivare der Sonata-Serie, die vorgezogen in vielen Gartencentern erhältlich sind. Die Pflanzen werden nicht höher als 50 Zentimeter, besitzen aber große Blütenköpfe und blühen früher als die höheren Sorten. Allerdings sind sie meiner Erfahrung nach nicht ganz so blühfreudig. Die reinweiße Sorte 'Purity' hingegen kann über 1,50 Meter hoch werden und ist so filigran, dass sie unbedingt eine Stütze braucht. Die erlesenen Blüten wirken für sich allein genauso bezaubernd wie in gemischten Sträußen. Kosmeen sind einfach zu ziehen und gedeihen problemlos, sieht man einmal davon ab, dass Schnecken eine Vorliebe für die Jungpflanzen haben. Alle Sorten, die höher werden als 60 Zentimeter, benötigen eine Stütze. Kosmeen mögen noch so robust wirken – bei sommerlichem Platzregen oder an windigen Herbsttagen knicken die Stiele leicht um (siehe S. 125–126).

Trivialname **Kosmee oder Schmuckkörbchen**
Botanisch ***Cosmos bipinnatus*, *C. sulphureus***
Familie **Asteraceae**
Wird einjährig kultiviert
Vorzüge **Eine der blühfreudigsten Schnittblumen überhaupt**

Aussäen Mitte des Frühjahrs im Haus; Ende des Frühjahrs an Ort und Stelle.
Auspflanzen Nach dem letzten Frost.
Blütezeit Vom Hochsommer bis zu den ersten Herbstfrösten.
Entspitzen Wenn die Pflanzen etwa 15 cm hoch sind; andernfalls schießt der Hauptspross in die Höhe und die Pflanze wird ziemlich „spillerig".
Standort Volle Sonne, normaler, gut durchlässiger Boden.

Kosmeen dürfen in keinem Schnittblumenbeet fehlen. Sie locken auch Bienen und Schwebfliegen an.

Düngen Nicht notwendig.
Höhe 45 cm–1,5 m.
Umfang 40 cm.
Abstand 40–45 cm.
Stütze Größere Sorten brauchen eine Stütze.
Empfehlenswerte Sorten 'Candy Stripe', weiße Blüten mit blassrosa Rändern; 'Purity', reinweiße Blüten; 'Rubenza', dunkelrosa bis rubinrote Blüten (ca. 75 cm hoch).
Schneiden Wenn sich die Knospen öffnen.
Weitere Maßnahmen Vor dem Arrangieren ein paar Stunden oder über Nacht tief ins Wasser stellen.

Blaudolde

Diese ungewöhnliche, aus Australien stammende Pflanze hat es mir angetan. Ihre von Hellblau bis ins Lila spielenden Blütendolden ziehen alle Blicke auf sich und erinnern ein wenig an die Blüten der Wilden Möhre *(Daucus carota)* oder des Wiesenkerbels *(Anthricus sylvestris)*. Blaudolden brauchen bis zu vier Wochen zum Keimen, wobei die Samen unterschiedlich schnell auflaufen. Sie zu kultivieren lohnt sich trotzdem. Haben die Pflanzen erst einmal in Ihrem Blumenbeet Fuß gefasst, blühen sie monatelang. Sie wachsen ziemlich in die Breite, deshalb pflanze ich sie relativ dicht, um Platz zu sparen. Schwebfliegen werden von den Blüten magisch angezogen.

Trivialname **Blaudolde**
Botanisch ***Trachymene coerulea*, syn. *Didiscus coeruleus***
Familie **Apiaceae**
Wird einjährig kultiviert
Vorzüge **Zarte Blütendolden, die Schwebfliegen anziehen**

Blaudolden sind nicht leicht aus Samen zu ziehen, doch die Mühe lohnt sich: Die Blütenstände sind einzigartig!

Aussäen Zu Beginn des Frühjahrs im Haus.
Auspflanzen Nach dem letzten Frost.
Blütezeit Vom Hochsommer bis in den Herbst.
Entspitzen Nicht notwendig.
Standort Volle Sonne, durchlässiger Boden.
Düngen Im Frühling gut verrotteten Kompost in den Boden einarbeiten.
Höhe 45 cm.
Umfang 30–35 cm.
Abstand 30 cm.
Stütze Nicht notwendig.
Empfehlenswerte Sorten 'Blue Lace', 'Lacy Mix' mit Blüten in Weiß, Rosa- und Lilatönen.
Schneiden Wenn etwa ein Viertel der Einzelblüten einer Dolde geöffnet ist.
Weitere Maßnahmen Ein paar Stunden oder über Nacht bis unter die Blütendolden in kaltes Wasser stellen.

Sonnenhut

Was wäre ein Schnittblumenbeet ohne Sonnenhut? Die Wildformen dieser Pflanzengattung stammen aus Nordamerika und galten bei den Indianern als Heilpflanze. Bei uns sind Rudbeckien vor allem wegen ihrer goldgelben Blüten beliebt, die vom Spätsommer bis in den Herbst hinein ununterbrochen erscheinen. Wie alle Mitglieder der Korbblütlerfamilie (Asteraceae) haben Rudbeckien einen mit winzigen Röhrenblüten besetzten Blütenboden, der ringsum von farbigen Zungenblüten umgeben ist. Bei Rudbeckien wölbt sich der Boden deutlich nach oben und ist häufig schwarz. Der Namensbestandteil *hirta* geht auf das Lateinische *hirsutus* („borstig") zurück und bezieht sich auf die mit winzigen Haaren bedeckten Stiele, Blätter und Kronblätter. Da die Haare Allergien auslösen können, sollten Sie Handschuhe tragen, wenn Sie die Pflanzen anfassen. Dank ihrer langen, festen Stiele sind Rudbeckien perfekte Schnittblumen. Sie halten in der Vase länger als eine Woche.

Trivialname **Sonnenhut oder Rudbeckie**
Botanisch ***Rudbeckia hirta***
Familie **Asteraceae**
Wird einjährig kultiviert
Vorzüge **Gute Laune verbreitender Spätblüher; Schmetterlingsweide**

Aussäen Zu Beginn des Frühjahrs im Haus.
Auspflanzen Nach dem letzten Frost.
Blütezeit Vom Hochsommer bis zum Herbst.
Entspitzen Exemplare, die zu sehr in die Höhe schießen, entspitzen, wenn sie fünf Laubblätter haben.
Standort Volle Sonne, normaler, gut durchlässiger Boden.
Düngen Nicht notwendig.
Höhe 60–70 cm.
Umfang 40 cm.
Abstand 45 cm.
Stütze Nicht notwendig.
Empfehlenswerte Sorten 'Cherry Brandy' mit roten Zungenblüten; 'Cappuccino', bronzefarbene Zungenblüten, die an der Spitze golden auslaufen; 'Prairie Sun', grüner Blütenboden und gelbe Zungenblüten.
Schneiden Wenn sich die Zungenblüten geöffnet haben, die Röhrenblüten aber noch geschlossen sind.
Weitere Maßnahmen Keine.

Sonnenhut ist leicht zu ziehen und blüht bis in den Herbst.

Strandflieder

Der Strandflieder leidet etwas unter seinem Ruf als Bestandteil angestaubter Trockensträuße, feiert aber gerade ein Comeback als Schnittblume. Er stammt aus dem Mittelmeerraum und ist mit dem Meerlavendel *(Limonium vulgare)* verwandt, der in Salzsümpfen und an der Küste vorkommt. Die Blüten sind relativ unscheinbar und sitzen in farbigen, papierartigen Hüllblättern, die nicht nur auf Menschen, sondern auch auf Insekten anziehend wirken.

Wenn Sie Strandflieder trocknen möchten, schneiden Sie ihn, bevor sich die Blüten vollständig geöffnet haben, denn sie gehen während des Trocknens weiter auf. Binden Sie die Blumen an den Stielen zusammen, und hängen Sie sie kopfüber an einen trockenen, luftigen, schattigen Ort. Wenn Sie die Blumen an der Sonne trocknen lassen, verblassen die Farben der Hüllblätter.

Aussäen Spätwinter bis Frühlingsmitte im Haus.
Auspflanzen Nach dem letzten Frost.
Blütezeit Bei früher Aussaat ab dem Hochsommer.
Entspitzen Nicht notwendig.
Standort Volle Sonne, durchlässiger Boden. Sandboden ist ideal.
Düngen Nicht notwendig.
Höhe 50 cm.
Umfang 25 cm.
Abstand 30–35 cm.
Stütze Verwenden Sie ein Pflanzennetz.
Empfehlenswerte Sorten 'Art Shades', Sunburst-Serie 'Mixed'.
Schneiden Wenn die winzigen Blüten in den Papierkelchen zu sehen sind.
Weitere Maßnahmen Alle Blätter entfernen, die im Wasser stehen würden.

Stellen Sie Trockensträuße nicht in die pralle Sonne, damit die Farben nicht verblassen.

Auch wenn Strandflieder als altmodisch gilt, hat er meiner Ansicht nach ein Comeback als Schnittblume verdient.

Trivialname **Strandflieder**
Botanisch ***Limonium sinuatum***
Familie **Plumbaginaceae**
Wird einjährig kultiviert
Vorzüge **Lang haltbare Schnittblume, auch zum Trocknen geeignet**

Trivialname **Zinnia**

Botanisch ***Zinnia elegans***

Familie **Asteraceae**

Wird einjährig kultiviert

Vorzüge **Farbenfrohe Blüten bis in den Herbst**

Zinnien

Die in Südwest- und Zentralamerika beheimatete Zinnie ist die Diva unter den hier empfohlenen Schnittblumen: Kälte und Nässe mag sie überhaupt nicht, während sie in warmen, sonnigen Sommern prächtig gedeiht. Zinnien sind wahre Schönheiten und bringen unter Idealbedingungen bis in den Herbst hinein unablässig Blüten hervor. Es gibt sie in einer Reihe von satten, fröhlichen, ja frechen Farben. Ich pflege zu Zinnien eine Art Hassliebe. Ein Blumenbeet ohne sie kann ich mir nicht vorstellen, doch wenn sie nicht gedeihen, bin ich frustriert.

Kommerzielle Züchter ziehen Zinnien oft unter Folientunneln, sodass ihnen schlechtes Wetter nicht allzu viel anhaben kann, doch für kleine Gärten oder Beete ist das keine Option. In wärmeren, trockeneren Regionen ist die Wahrscheinlichkeit einer reichen Blüte relativ hoch – in regenreichen, kühlen Gebieten hingegen reine Glückssache. Ich räume Zinnien in meinem Blumenbeet deshalb nur wenig Platz ein. Fällt die Ernte nur gering aus, kann ich immer noch auf viele andere Schnittblumen zurückgreifen.

Die richtige Sortenwahl ist ein weiterer Schlüssel zum Erfolg. Manche Kultivare sind extrem anspruchsvoll. Die limettengrüne Sorte 'Envy' beispielsweise bringt atemberaubende Blüten hervor, ist aber sehr schwierig zu ziehen. Ich hatte den größten Erfolg mit 'Sprite Mixed', einer Auswahl mit hellrosa, orangefarbenen und purpurroten Blüten. Die Samenkörnchen keimen oft schon wenige Tage nach der Aussaat, was mich stets aufs Neue überrascht.

Die satten, lebhaften Farben von Zinnien sind im Herbst ein fröhlicher Anblick.

Da Zinnien es gar nicht mögen, wenn ihr Wurzelwachstum gestört wird, sät man sie am besten direkt an Ort und Stelle aus. In Regionen, in denen sich die Erde erst relativ spät im Jahr erwärmt, ist es fraglich, ob sie dann überhaupt noch blühen. Es bleibt häufig also nur die Möglichkeit, sie in Topfplatten oder kleine Töpfe zu säen und später auszupflanzen.

Legen Sie pro Töpfchen mehrere Samenkörner in die Erde, und zupfen Sie später alle Keimlinge bis auf das kräftigste Exemplar aus. Die Wurzeln der Jungpflanzen dürfen sich nicht ineinander verheddern. Sobald die ersten Wurzeln aus dem Topfboden herauszuwachsen beginnen, topfen Sie die Pflänzchen um.

Aussäen Mitte des Frühjahrs.
Auspflanzen Nach dem letzten Frost.
Blütezeit Vom Spätsommer bis zur Herbstmitte.
Entspitzen Wenn die Pflanze vier Laubblätter hat.
Standort Volle Sonne, durchlässiger Boden.
Düngen Eine Düngung mit Beinwelljauche während der Blüte fördert die Blühfreudigkeit.
Höhe 45–80 cm.
Umfang 40 cm.
Abstand 45 cm.
Stütze Größere Sorten lässt man am besten durch ein Netz wachsen.
Empfehlenswerte Sorten 'Sprite Mixed', 'Giant Dahlia Mix'.
Schneiden Wenn sich die Blüte ganz geöffnet hat, die Mitte aber noch kompakt ist.
Weitere Maßnahmen Blätter entfernen. Die Blumen vor dem Arrangieren ein paar Stunden tief in Wasser stellen.

Löwenmäulchen

Löwenmäulchen erinnern mich an meine Kindheit. Als ich entdeckte, dass sich die zweilippigen Blüten durch leichten seitlichen Druck öffnen und schließen lassen wie ein Fischmaul, war ich hingerissen.

Die Blüten in dem traubigen Blütenstand öffnen sich von unten nach oben. Wenn ich im Hochsommer vor meinem Beet stehe und Unkraut jäte oder Blumen schneide, lausche ich gerne dem Summen einer Hummel, die es kaum erwarten kann, sich im Inneren einer Löwenmäulchenblüte am Nektar zu laben.

Löwenmäulchen gehören zu den typischen Bauerngartenpflanzen. Heute sind vor allem die niedrigen Sorten populär, die sich zur Einfassung von Beeten oder Rabatten eignen. Gefüllte Kultivare besitzen rüschenartige Blütenblätter, haben aber leider viel vom Charme ihrer größeren, einfacheren Verwandten eingebüßt, die in Gartencentern und Gärtnereien inzwischen kaum noch zu finden sind. Saatgut von großen Löwenmäulchenvarietäten ist jedoch problemlos erhältlich.

Löwenmäulchen sind frostempfindliche Stauden, sie werden daher meist als Einjährige kultiviert. Milde Winter überstehen sie gelegentlich, verholzen dann aber im Folgejahr und zeigen sich nicht mehr so blühfreudig. Am besten sät man sie im Spätwinter in Saatschalen und pflanzt sie aus, wenn sie sich zu kräftigen Pflanzen entwickelt haben und kein Frost mehr droht.

Aussäen Im Spätwinter oder zu Beginn des Frühjahrs auf angefeuchtetes Substrat; nicht mit Erde bedecken.
Auspflanzen Spätes Frühjahr.
Blütezeit Frühsommer bis Herbstmitte.
Entspitzen Wenn die Pflanze auf beiden Seiten je vier Laubblätter hat.
Standort Volle Sonne, durchlässiger Boden.
Düngen Im Herbst oder Frühjahr Kompost untergraben.
Höhe 45–75 cm.
Umfang 35 cm.
Abstand 40 cm.
Stütze Pflanzennetz für größere Sorten.
Empfehlenswerte Sorten 'Night and Day', eine zweifarbige Sorte mit rot-weißen Blüten; 'Rocket Mix', hohe Sorte mit breiten Farbspektrum von Gelborange bis Purpur; 'Royal Bride', weiße Sorte mit duftenden Blüten.
Schneiden Wenn ein Drittel der Blüten geöffnet ist.
Weitere Maßnahmen Die Blumen ein paar Stunden in lauwarmes Wasser stellen.

Die Blütenstände von Löwenmäulchen geben Ihren Arrangements Höhe und Struktur.

Trivialname **Löwenmäulchen**
Botanisch ***Antirrhinum majus***
Familie **Plantaginaceae**
Kurzlebige Zweijährige/meist einjährig kultiviert
Vorzüge **Blütenstände, die für vertikale Akzente sorgen**

Trivialname **(Garten-)Levkoje**
Botanisch ***Matthiola incana***
Familie **Brassicaceae**
Ein- oder zweijährig
Vorzüge **Wunderbarer Duft, haltbare Schnittblume**

Zweijährige

Levkoje

Levkojen gehören zu meinen Lieblingsblumen. Ich gebe zu, dass es Blumen mit attraktiveren Blüten gibt, doch wenn Sie schon einmal an einem Strauß Levkojen gerochen haben, werden Sie verstehen, warum ich sie so liebe. Ihr berauschender Duft stiehlt sogar Duftwicken die Show, und anders als diese welken sie in der Vase nicht schon nach wenigen Tagen, sondern halten länger als eine Woche.

Der Name „Levkoje" leitet sich vom griechischen Wort *leukoion* („Weißveilchen") ab; die wissenschaftliche Bezeichnung *Matthiola* verdankt die Pflanze dem italienischen Arzt und Botaniker Pietro Andrea Mattioli. Im viktorianischen England waren Levkojen sehr populär, heute sind sie leider etwas aus der Mode gekommen.

Es gibt zwei Typen von Garten-Levkojen, und beide sind ausgezeichnete Schnittblumen. Die einen werden als Einjährige gezogen und haben sowohl gefüllte als auch ungefüllte Blüten in allen möglichen Farben, verzweigen sich aber nicht. Die Ausbeute ist also eher gering. Zwischen Saat und Blüte vergehen rund zehn Wochen. Die anderen dagegen werden als Zweijährige im Sommer ausgesät, im Frühbeet überwintert, und im Frühjahr ausgepflanzt, sobald sich die Erde etwas erwärmt hat. Die Blüte setzt dann einer Zeit ein, in der im Schnittblumenbeet noch ziemliche Leere herrscht. Dieser Typ verzweigt sich gut und bringt bis zum Frühsommer unablässig Blüten hervor. Nach der Blüte sollten Sie die Pflanzen ausgraben und auf den Komposthaufen werfen. Den frei gewordenen Platz können Sie mit Spätblühern wie Dahlien füllen.

Ein Sträußchen Levkojen auf dem Nachttisch gehört zu den kleinen Freuden des Lebens.

Aussäen Zweijährige: Früh- bis Hochsommer, Einjährige: ab Frühjahrsmitte.

Auspflanzen Zweijährige im Frühherbst, Einjährige: wenn kein Frost mehr droht.

Blütezeit Zweijährige: Frühjahrsmitte bis Frühsommer; Einjährige: Sommer.

Entspitzen Nicht notwendig.

Standort Geschützt, sonnig. Bevorzugt durchlässige, kalkhaltige Böden.

Düngen Mit gut verrottetem Kompost, Kalk und Algenmehl im Herbst. Im Frühjahr Algenmehl um die Pflanzen streuen.

Höhe 35 cm.

Umfang 20 cm.

Abstand 25 cm.

Stütze Nicht notwendig.

Empfehlenswerte Sorten Zweijährige: 'Pillow Talk' (reinweiß) und 'Brompton Mix'; Einjährige: 'Tall Clove Scented Mix'.

Schneiden Wenn sich die ersten Blüten geöffnet haben. Die restlichen Knospen gehen in der Vase auf.

Weitere Maßnahmen Alle Blätter, die im Wasser stehen würden, entfernen, da sie schnell faulen und das Wasser verderben. Levkojen bevorzugen kaltes Wasser; wird es häufig gewechselt, halten sie in der Vase bis zu drei Wochen.

Bartnelke

Bartnelken sind kurzlebige Stauden, werden aber meist als Zweijährige kultiviert, weil sie mit zunehmendem Alter verholzen und struppig werden. Sie stammen ursprünglich aus Südeuropa und waren lange Zeit in jedem Bauerngarten zu finden. Der englische Botaniker John Gerard erwähnte die Pflanze schon in seinem 1597 erschienenen Werk *The Herball or Generall Historie of Plantes*. 1753 wurde sie von Carl von Linné in den *Species Plantarum* beschrieben und benannt. Aufgrund ihrer Blühfreudigkeit und langen Haltbarkeit gehören Bartnelken zu den dankbarsten Schnittblumen überhaupt. Sie bleiben in der Vase bis zu zwei Wochen schön.

Trivialname **Bartnelke**
Botanisch ***Dianthus barbatus***
Familie **Caryophyllaceae**
Wird zweijährig kultiviert
Vorzüge **Angenehmer Duft und lange Haltbarkeit**

Üblicherweise wird Bartnelkensamen in Saatgutmischungen verkauft; das Farbspektrum von 'Auricula-eyed Mixed' reicht von Weiß über Rosa bis hin zu Rot- und Purpurtönen. Aber es gibt auch einfarbige Angebote: 'Sooty' hat dunkelrotbraune Blätter und ebensolche Blüten, 'Oeschberg' bezaubert mit intensivem Pink und 'Amazon Neon Purple' mit dunklem

Laub und magentafarbenen Blüten. 'Albus' ist eine reinweiße Sorte. Seit einigen Jahren sind auch einjährige Bartnelken auf dem Markt, z. B. die Kultivare der Noverna-Serie. Wenn Sie im Vorjahr den richtigen Zeitpunkt zur Aussaat verpasst haben sollten, können Sie auf diese Sorten zurückgreifen.

Bartnelken entwickeln sich zunächst ziemlich kräftig und buschig, beginnen während der Nachblüte jedoch allmählich zu schwächeln: Die Blütenstände werden kleiner, die Stiele dünner. Trotzdem sollte man Bartnelken regelmäßig schneiden – so treiben sie drei Monate lang regelmäßig Blüten. Achtung: Die Stiele wirken kräftiger, als sie sind.

Aussäen Zwischen Früh- und Hochsommer in Saatschalen oder Topfplatten.
Auspflanzen Im Frühherbst.
Blütezeit Früh- bis Spätsommer.
Entspitzen Nicht notwendig.
Standort Volle Sonne, durchlässiger Boden.
Düngen Im Herbst mit gut verrottetem Kompost düngen, im Frühjahr mit Kalk und Algenpulver.
Höhe 60 cm.
Umfang 30 cm.
Abstand 30–40 cm.
Stütze Verwenden Sie ein Pflanzennetz.
Empfehlenswerte Sorten 'Sooty', 'Auricula-eyed'-Mischung, 'Electron', 'Albus'.
Schneiden Sobald sich die ersten drei oder vier der dicht an dicht sitzenden Einzelblüten geöffnet haben.
Weitere Maßnahmen Keine.

LINKS Bartnelken gehören definitiv zu meinen Lieblingsschnittblumen.

RECHTS Die Scheidewände der trockenen Silberblattschoten schimmern wie kleine Monde.

Silberblatt

Das Silberblatt gehört zur selben Familie wie die Nachtviole *(Hesperis matronalis)*, ist aber nicht ganz so blühfreudig. Dennoch sind die angenehm duftenden weißen oder lilafarbenen Blüten ein willkommener Anblick im Schnittblumenbeet und eine perfekte Ergänzung für Tulpensträuße. Meist wird das Silberblatt jedoch wegen seiner silbernen „Monde" angepflanzt. Die sind zunächst unter einer langweilig braunen Hülle verborgen (den die Samen enthaltenden Schoten), und man fragt sich vielleicht, weshalb man sich überhaupt mit dieser Pflanze abgegeben hat. Doch schon bald lösen sich die Schotenwände ab, die Samen fallen heraus, und die glitzernden, an Silberlinge

Trivialname **Silberblatt**
Botanisch ***Lunaria annua***
Familie **Brassicaceae**
Zweijährige
Vorzüge **Dekorative mondförmige Trockenstrukturen („Silberlinge")**

erinnernden Scheidewände werden sichtbar. Ihretwegen wird die Pflanze im Volksmund auch „Judaspfennig“ genannt. Die Schoten des Silberblatts sind ausgesprochen wind- und regenempfindlich. Man erntet sie am besten, wenn sie bereits getrocknet, ihre schützenden Wände aber noch nicht abgefallen sind. Jede Schote hat am unteren Ende einen kleinen Stiel, den Sie fassen können, um die Schotenwände abzuziehen. Das Silberblatt sieht für sich alleine oder in Arrangements mit Gräsern und anderen Samenständen am schönsten aus (siehe S. 195). Ich verwende es auch gerne als Weihnachtsschmuck. Hierfür binde ich einfach ein paar Stängelchen zusammen und hänge sie an den Christbaum. Im Kerzenlicht glitzern die „Silberlinge“ dann wie Sterne.

Wenn Sie wenig Platz in Ihrem Schnittblumenbeet haben, sollten Sie das Silberblatt nur anpflanzen, wenn Sie später die „Silberlinge“ haben wollen. Wegen der Blüten allein lohnt sich die Kultivierung nicht. Drei bis vier Pflanzen liefern in der Regel genügend Material für Vasenschmuck. Wenn Sie nicht alles abgeerntet haben, können Sie die trockenen Überreste über den Winter als Blickfang im Garten stehen lassen.

Aussäen Früh- bis Hochsommer.
Auspflanzen Frühherbst.
Blütezeit Spätfrühling bis Hochsommer des Folgejahres. Die Stängel mit den Schoten können ab dem Spätsommer geerntet werden.
Entspitzen Nicht notwendig.
Standort Fühlt sich auf den meisten Böden wohl, verträgt Halbschatten.

Frühlingsfrische pur: die weißen Blüten von *Lunaria annua* var. *albiflora*.

Düngen Nicht notwendig.
Höhe 80 cm.
Umfang 30 cm.
Abstand 30–40 cm.
Stütze Nicht notwendig.
Empfehlenswerte Sorten Es gibt lila und weiß blühende Sorten.
Schneiden Blüten: Sobald sich die ersten Knospen geöffnet haben; Schoten: Wenn sie getrocknet, die Schotenwände aber noch nicht abgefallen sind.
Weitere Maßnahmen Keine.

Islandmohn

Wie ihr Name vermuten lässt, ist diese Pflanze im hohen Norden Europas und Nordamerikas zu Hause. Es überrascht also nicht, dass sie frosthart ist und im kühl-gemäßigten Klima Mitteleuropas gut gedeiht. Islandmohn ist eine kurzlebige Staude, die aber oft als Zweijährige gezogen wird. Ihre Blüten sind robuster als die vieler anderer Mohnblumenarten, wirken aber dennoch zart wie Seide. Ihr Farbspektrum erstreckt sich von hellen Pastell- bis zu kräftigen Orange- und Rottönen. Das Blüteninnere mit dem auffälligen Fruchtknoten und den darum herum angeordneten Staubblättern kennzeichnet die Pflanze eindeutig als Mohn. Da Mohn zu meinen Lieblingsblumen gehört, finde ich es jammerschade, dass die meisten Arten nicht als Schnittblumen geeignet sind. Welch freudige Überraschung, als ich entdeckte, dass sich ausgerechnet der exotisch wirkende Islandmohn in der Vase hält!

Aussäen In Töpfe im Früh- bis Hochsommer.
Auspflanzen Die Töpfe im kalten Kasten oder an einem regengeschützten Ort überwintern, zur Frühjahrsmitte auspflanzen.
Blütezeit Spätfrühling bis Sommer.

Entspitzen Nicht notwendig.

Standort Gedeiht schlecht bei Nässe und auf schlecht drainiertem Boden, ansonsten leicht zu kultivieren.

Düngen Vor dem Pflanzen Kompost in die Erde einarbeiten.

Höhe 30 cm.

Umfang 20 cm.

Abstand 25–30 cm.

Stütze Nicht notwendig.

Trivialname **Islandmohn**
Botanisch ***Papaver nudicaule***
Familie **Papaveraceae**
Kurzlebige Staude, meist zweijährig kultiviert
Vorzüge **Aparte Blüten, nicht im Blumenhandel erhältlich**

Empfehlenswerte Sorten 'Party Fun', 'Meadow Pastels' und 'Illumination' (hat die längsten Stiele).

Schneiden Sobald sich die grünen Kelchblätter öffnen und die ersten Blütenblätter sichtbar werden. Später können Sie die Kelchblätter vorsichtig abzupfen.

Weitere Maßnahmen Meist wird empfohlen, die Stiele für 15–20 Sekunden in kochendes Wasser zu tauchen (die Blüten dabei vor Dampf schützen!) und sie anschließend in lauwarmes Wasser zu stellen. Meiner Erfahrung nach ist das jedoch nicht notwendig.

Mit Gräsern, Kornblumen und Margeriten arrangiert, zieht Islandmohn alle Blicke auf sich.

Goldlack

Goldlack bildet buschige Polster, neigt aber mit zunehmendem Alter zum Verholzen und ist anfällig für Kohlhernie. Daher wird er am besten zweijährig gezogen. Seine Wildform ist in den Gebirgsregionen des südöstlichen Mittelmeerraums beheimatet.

Goldlack wird hauptsächlich als Beetpflanze kultiviert, ist aber auch eine dankbare Schnittblume. Er gehört zu den wenigen Zweijährigen, die als Jungpflanzen in Gartencentern und Gärtnereien erhältlich sind, doch die Auswahl beschränkt sich oft auf niedrige Sorten. Wenn Sie Ihre eigenen Pflanzen aus Samen ziehen, sind Sie keinerlei Einschränkungen unterworfen und können größere, langstieligere Kultivare wählen.

Goldlack ist in vielen Farbtönen von Tiefrot über Orange und Blassgelb bis zu Cremefarben erhältlich.

Aussäen Früh- bis Hochsommer.
Auspflanzen Frühherbst.
Blütezeit Zeitiges Frühjahr bis Frühsommer des Folgejahrs.
Entspitzen Nicht notwendig.
Standort Volle Sonne, bevorzugt durchlässigen, kalkhaltigen Boden (wie fast alle Kreuzblütler).
Düngen Beim Auspflanzen und im zeitigen Frühling mit Kalk und Algenpulver düngen.
Höhe 30–40 cm.
Umfang 30 cm.
Abstand 35 cm.
Stütze Nicht notwendig.
Empfehlenswerte Sorten 'Ivory White'; 'Vulcan'; 'Blood Red'; 'Fair Lady'-Mischung.
Schneiden Wenn die ersten Blüten an einem Stängel aufgegangen sind.
Weitere Maßnahmen Die Stiele vor dem Arrangieren für 30 Sekunden in kochendes Wasser tauchen.

Trivialname **Goldlack**
Botanisch ***Erysimum cheiri***
Familie **Brassicaceae**
Kurzlebige Staude, meist zweijährig kultiviert
Vorzüge **Frühblüher mit angenehmem Duft**

Goldlack setzt in Frühlingssträußen leuchtende Akzente.

Hochzeits-blumen

Als Prinz William und Kate Middleton im April 2011 heirateten, bestanden Brautstrauß und Blumenschmuck ausschließlich aus heimischen Pflanzen. Maiglöckchen aus Cornwall, weiße Bartnelken und Hyazinthen sorgten für schlichte Eleganz. Mit Myrtenzweigen aus dem Garten von Königin Viktorias Landsitz Osborne House auf der Isle of Wight sollte das Eheglück besiegelt werden. Die restliche florale Dekoration stammte aus den königlichen Gärten in Windsor und Sandringham. Der königliche Florist Shane Conolly hatte die Westminster Abbey mit Blumen, Flieder und kleinen, in Kübeln gepflanzten Bäumen geschmückt und huldigte damit nicht nur dem Brautpaar, sondern auch den ländlichen Regionen Englands.

Eine solche Herangehensweise ist – in bescheidenerem Maßstab und unter Berücksichtigung persönlicher Vorlieben – auch Normalsterblichen möglich. Hochzeiten werden immer teurer, und die Ausgaben für den Blumenschmuck schlagen dabei kräftig zu Buche. Überdies steigt die Nachfrage nach „grünen" Hochzeiten mit möglichst kleinem „ökologischen Fußabdruck". Ein Schnittblumenbeet ist da von doppeltem Nutzen: Es schont die Umwelt und den Geldbeutel. Zu einem Bruchteil der Kosten, die für gekauften Blumenschmuck aus zumeist importierter Ware anfallen würden, versorgt es Sie mit einheimischen Gewächsen.

Natürlich kann die Organisation einer Hochzeit auch ohne zusätzliche Gartenarbeit in

Blumen für ein einmaliges Ereignis wie eine Hochzeit zu ziehen erfordert einige Planung.

Marmeladengläser und Konservendosen lassen sich zu extravaganten Vasen umfunktionieren.

Stress ausarten. Wer schwache Nerven hat, lässt also besser die Finger vom Gärtnern für den großen Tag. Sie sollten eine realistische Vorstellung davon haben, welche Blumen an dem Hochzeitstermin in Blüte stehen und welchen Stil Sie bevorzugen. Wenn Sie schlichte, natürliche Arrangements mögen, dann sind selbst gezogene Blumen sicher das Richtige. Unter Umständen können Sie sich die Gartenarbeit ja mit Freundinnen, Freunden und Familienmitgliedern teilen oder sich nur um den Blumenschmuck für die Hochzeitstafel kümmern und die Bouquets in der Gärtnerei Ihres Vertrauens bestellen.

Wenn Sie Ihr Blumenbeet in erster Linie für eine einmalige Gelegenheit wie eine Hochzeitsfeier bepflanzen und nicht den ganzen Sommer über Schnittblumen zur Verfügung haben möchten, ist das Datum der alles entscheidende Faktor. Frische Blumen können Sie zwischen Frühjahrsmitte und Herbstmitte ernten. Findet die Hochzeit im Winterhalbjahr statt, bieten sich Gräser und Samenstände als Dekorationsmaterial an (siehe S. 194–197).

Haben Sie nur wenig Platz im Garten und ein knappes Zeitbudget? Dann konzentrieren Sie sich einfach auf die Kultivierung von Blumen, deren Blütenblätter Sie als Konfetti verwenden können. Basteln Sie für jeden Gast eine einfache Papiertüte, und bitten Sie am Morgen Ihrer Hochzeit ein Familienmitglied, möglichst viel „Konfetti“ aus Ihrem Schnittblumenbeet einzusammeln und in die Tütchen zu füllen. Rittersporn, Rosen und Jungfer im Grünen sind besonders dankbare „Konfettiblumen“, denn die Blütenblätter lassen sich auch getrocknet verwenden.

Selbst gezogene Blumen für eine Hochzeit

- Planung ist das A und O. Wenn Sie einen Termin für eine Hochzeit (oder ein anderes Fest) haben, verschaffen Sie sich einen Überblick, welche Blumen zu dieser Zeit in Blüte stehen. Versuchen Sie nicht, die Natur zu überlisten, indem Sie sich auf Blumen festlegen, für die gar keine Saison ist, denn dafür brauchen Sie Zeit, Geld und eine entsprechende Ausrüstung. Andernfalls werden Sie relativ sicher eine Enttäuschung erleben.
- Wählen Sie Arten, die farblich gut zusammenpassen, oder entscheiden Sie sich für einen farbenfrohen Mix aus ganz verschiedenen Blumen.
- Suchen Sie duftende Blumen aus. Duft verleiht Ihren Arrangements das gewisse Etwas und wird Ihre Gäste begeistern.
- Rechnen Sie aus, wie viele Blumen Sie ungefähr brauchen werden. Wo überall möchten Sie Blumenschmuck anbringen? Wie viele Tische werden aufgestellt, und wie viele Gäste erwarten Sie? Wie viel Platz haben Sie im Garten? Die Ausbeute eines winzigen Beetes reicht nicht für die Dekoration eines Lokals, aber sicher für ein Bouquet.
- Motivieren Sie Familie und Freunde zum Mitgärtnern.
- Zarte Blumen wie Duftwicken und Jungfer im Grünen pflücken Sie am besten erst an Ihrem „großen Tag“. Stellen Sie sie vor dem Arrangieren an einen kühlen Ort.
- Lang haltbare Blumen können zwei Tage vor dem Fest geschnitten werden.
- Bouquets und kleine Sträuße können Sie am Tag vor der Hochzeit binden und kühl stellen.
- Stellen Sie Schnittblumen nicht in die Nähe von Obst und Gemüse, damit sie nicht vorzeitig welken.
- Um Geld zu sparen, können Sie Marmeladengläser als Vasen verwenden. So wirkt die Tischdekoration besonders zwanglos.
- Wenn Sie Zeit haben, legen Sie im Jahr vor dem Fest im Garten schon einmal einen Probelauf ein, um Erfahrungen zu sammeln.
- Erarbeiten Sie einen Notfallplan für den Fall, dass schlechtes Wetter Ihnen einen Strich durch die Rechnung macht. Suchen Sie sich ortsansässige Gärtnereien, die Ihnen die gewünschten Blumen bei Bedarf (und vielleicht sogar zum Selbstarrangieren) liefern. Manche Gärtnereien mit eigenen Blumenfeldern gewähren „Selbstpflückern“ Sonderkonditionen.

Wie wäre es mit selbst gemachtem Blütenkonfetti für Ihre Gäste?

Agrostis nebulosa mit Frauenmantel und einer rotbraunen Kornblume – für ein Knopflochsträußchen der besonderen Art.

Zarte Gräser, duftendes Blattwerk und kleine Sukkulenten wie Echeverien und Hauswurz *(Sempervivum)* ergeben ein außergewöhnliches Knopflochsträußchen.

Wählen Sie dezente
Blumen für Knopfloch-
sträußchen aus, deren
kleine Blüten aus
der Nähe bewundert
werden können.

Zwiebel- und Knollenpflanzen

Warum Zwiebelblumen?

Mit seinen strahlend blauen Blüten ist *Allium caerulum* eine ungewöhnliche Schnittblume.

Zwiebelpflanzen sind nicht die nächstliegende Wahl für die Bepflanzung eines Schnittblumenbeets. Meist sprießt aus einer Zwiebel nur eine Blüte, und wenn sie verwelkt ist, war es das für den Rest des Jahres. Trotzdem gibt es einige gute Gründe dafür, Zwiebelpflanzen einen Platz im Schnittblumenbeet einzuräumen.

Knollen werden im Prinzip genauso behandelt wie Zwiebeln, bringen aber, anders als z.B. Narzissen und Tulpen, oft über einen langen Zeitraum Unmengen von Blüten hervor. Tipps zum Kultivieren von Anemonen und Dahlien – zwei klassischen Schnittblumen, die aus Knollen hervorgehen – finden Sie am Ende dieses Kapitels.

Zwiebelpflanzen haben den großen Vorteil, dass sie nicht viel Platz wegnehmen, sprich: in kleinen Gruppen oder zwischen andere Pflanzen gesetzt werden können. Die Auswahl ist riesig und reicht von Frühblühern wie Schneeglöckchen und Narzissen über Sommerblüher wie Zierlauch bis zu Herbstblühern wie Gladiolen und Nerinen.

Wer Zwiebelpflanzen als Schnittblumen ziehen möchte, sollte möglichst viele verschiedene Sorten pflanzen und darauf achten, dass nicht alle auf einmal blühen. Auch bei Narzissen und Tulpen gibt es Frühblüher und Spätblüher.

Im Vergleich zu der Vielfalt an Zwiebelblühern, die Sie in Ihrem Blumenbeet kultivieren können, ist die Auswahl in Supermärkten und Blumenläden doch arg beschränkt. Wenn Sie die Blumenzwiebeln direkt beim Züchter kaufen, haben Sie die Qual der Wahl und kommen überdies viel preiswerter davon.

Sind Platz und Geld ein knappes Gut, konzentrieren Sie sich am besten auf Frühlingsblüher, denn sie verkürzen die „Durststrecke“ bis zum Aufblühen der ersten Ein- und Zweijährigen.

Mit Sommerblühern aus Knollen können Sie Ihrem Garten ein exotisches Flair verleihen. Warum versuchen Sie es nicht einmal mit Gladiolen? Sie gelten als genauso altmodisch und affektiert wie Rüschen in zweifelhaften Farben, doch ihr schlechter Ruf sollte Sie nicht abschrecken. Es gibt atemberaubend schöne Sorten, die bis in den Spätsommer blühen. Das tiefrote Purpur von 'Espresso', das dunkle Rosa von 'Plumtart' und das fröhliche Grün von 'Green Star' haben es mir angetan. Wenn Sie sich davon nicht überzeugen lassen, geben Sie ein paar früher blühenden, kleineren Sorten eine Chance. 'The Bride' bringt anmutige weiße Blüten hervor. In meinem Beet wächst sie zwischen Frauenmantel *(Alchemilla mollis)*, und im Sommer wiegen sich ihre Blüten wie Segel über einem gelbgrünen Blütenmeer im Wind. Kultivare der Nanus-Gruppe blühen im Frühsommer in beeindruckendem Rosa und Karmesinrot. Die Knollen sind nicht winterhart und müssen im Herbst aus der Erde genommen und im Haus überwintert werden.

Das Laub von Zwiebelpflanzen kann im Blumenbeet zum Problem werden. Man möchte

Blumenzwiebeln auswählen

Kaufen Sie nur Zwiebeln, die sich fest anfühlen und weder Schimmel noch Fäulnis zeigen. Wenn Sie sich Blumenzwiebeln schicken lassen, überprüfen Sie die Ware gleich nach dem Eintreffen. Bis zum Einpflanzen sollten die Zwiebeln kühl und trocken gelagert werden.

Wurzelknolle (Dahlie, oben), Zwiebel (rechts) und Rhizom (Ranunkel, links). Kaum vorstellbar, welche Blütenpracht diese unscheinbaren Speicherorgane hervorbringen.

Die Tulpe 'Angelique' gehört zu meinen Lieblingstulpen. Ihre rosa angehauchten Blüten mit den zart gekräuselten Blättern wirken sehr romantisch.

es zu gerne beseitigen, nachdem die Blüten abgeschnitten wurden, doch wenn die Pflanzen auch in den Folgejahren blühen sollen, sollten Sie das tunlichst unterlassen. Die Blätter speichern Nährstoffe und Energie und geben sie an die Zwiebel ab, ehe sie verwelken, sodass diese im nächsten Jahr wieder eine Blüte treiben kann. Bis zum Einziehen der Blätter vergehen rund vier bis sechs Wochen – in Gärtneraugen eine Ewigkeit. Doch das heißt nicht zwangsläufig, dass Zwiebelpflanzen das Beet blockieren müssen. Kleinere Narzissensorten, etwa 'February Gold' oder 'Jack Snipe', haben relativ kleine Blätter, und wenn Sie sich auf früh blühende Sorten konzentrieren, sind die Blätter nicht erst im Spätfrühling verwelkt, und

Sie können Ihre Einjährigen, die Sie im Haus vorgezogen haben, rechtzeitig auspflanzen. Auch müssen Zwiebelblüher nicht in Gruppen stehen. Gerade kleinere Gattungen eignen sich hervorragend zur Einfassung von Beeten. Wenn Sie Hochbeete angelegt haben, fließt das Wasser an den Rändern meist gut ab, was für viele Zwiebelpflanzen ideal ist. Viele Zwiebeln können Sie nach der Blüte auch ausgraben und im Herbst wieder einpflanzen oder als Einjährige behandeln und kompostieren. Narzissen und Tulpen sind leicht auszugraben, doch Traubenhyazinthen und Schneeglöckchen belässt man am besten im Boden, wo sie sich im Laufe der Zeit vermehren. Setzen Sie sie daher z. B. an den Rand des Schnittblumenbeets oder in die Staudenrabatte.

Ausgraben und lagern

Wenn die Blätter von Zwiebelpflanzen anfangen sich zu verfärben, sollten Sie die Pflanzen wöchentlich mit flüssigem Algendünger düngen. Noch ehe die Blätter ganz abgestorben sind, graben Sie die Zwiebeln vorsichtig aus. Lagern Sie sie an einem warmen, trockenen Ort (z. B. in einem Gewächshaus oder im kalten Kasten), bis alle Blätter vertrocknet sind. Schneiden Sie die Blätter dann über der Zwiebelspitze ab, entfernen Sie Erdreste und Tochterzwiebeln, damit die Kraft in der Mutterzwiebel verbleibt. Lagern Sie die Zwiebeln in beschrifteten Papiertüten bis zum Herbst an einem kühlen, trockenen Ort.

Zwiebelblumen

Es gibt viele Narzissen, die sich für ein Schnittblumenbeet eignen, z. B. (obere Reihe von links nach rechts) 'White Lion', 'Stanway' und 'Silverwood' oder (untere Reihe von links nach rechts) 'Falconer', 'Actaea' und 'Irish Minstrel'.

Narzissen

Narzissen sind klassische Schnittblumen. Die meisten Narzissen, die hierzulande verkauft werden, stammen aus den Niederlanden, doch auch in Großbritannien werden sie bis heute in großem Stil angebaut. Für die meisten Menschen sind Narzissen die Frühlingsboten schlechthin. In manchen Regionen Englands, in denen mildes maritimes Klima vorherrscht, werden die ersten Narzissen aber schon mitten im Herbst verkauft.

Die Auswahl an Narzissen ist gigantisch. Es gibt mehr als 27 000 Sorten, die allerdings nicht mehr alle angepflanzt werden. Die Royal Horticultural Society hat die Narzissen nach der Blütenform und nach ihrer genetischen Herkunft in insgesamt zwölf Klassen eingeteilt. Großblütige Narzissen mit langen Stielen sind für traditionelle Arrangements ideal, doch kleinere Blüten können praktischer sein. Die Sorte 'Jack Snipe' mit ihren cremeweißen Blütenblättern und gelben Trompeten sieht in kleinen Vasen einfach bezaubernd aus. Auch auf Duftnarzissen sollten Sie keinesfalls verzichten. Meist genügen schon wenige Exemplare, um einen Raum mit berauschendem Duft zu erfüllen. Meine Lieblingssorten sind 'Geranium' und 'Falconet'.

Narzissen sind giftig, und es kommt immer wieder vor, dass ihre Zwiebeln mit Speisezwiebeln verwechselt werden. Denken Sie daran, wenn Sie Narzissen in einem Schrebergarten

Setzen Sie Zwiebeln mit der Spitze nach oben in ausreichend tiefe Pflanzlöcher.

anpflanzen möchten. Auch kann austretender Pflanzensaft die Haut reizen und zu einem juckenden, schuppigen Ausschlag führen. Beim Schneiden, Zurichten und Arrangieren von Narzissen sollten Sie deshalb Handschuhe tragen. Was Sie vor dem Arrangieren noch beachten sollten, erfahren Sie auf Seite 146.

Pflanztipps

Narzissen sind Sonnenkinder, gedeihen aber auch im Halbschatten. Setzen Sie die Zwiebeln möglichst im Frühherbst. Sie profitieren von der Zeit, die sie vor Wintereinbruch im Boden verbringen, denn sie beginnen nach dem Einpflanzen auszutreiben und Wurzeln auszubilden.

Versenken Sie die Zwiebeln mit dem spitzen Ende nach oben einzeln in Pflanzlöchern oder reihenweise in Gräben, die dreimal so tief wie die Zwiebeln hoch sind. Wenn Sie Ihre Narzissen nach der Blüte ausgraben möchten, können Sie sie dicht an dicht in die Erde setzen, allerdings sollten sie einander nicht berühren. Ansonsten empfiehlt sich ein Abstand von zehn Zentimetern.

Dann heißt es warten. Sehr frühe Sorten beginnen bereits im März zu blühen, sehr späte gegen Ende des Frühjahrs. Wenn Sie Ihre Auswahl geschickt zusammenstellen, werden Sie an Ihren Narzissen monatelang Freude haben.

Empfehlenswerte Sorten

'Actaea' – Höhe: 40 cm. Fantastisch duftende Dichter-Narzisse. Makellos weiße Blütenblätter und orangeroter flacher Becher. Blüht Mitte bis Ende des Frühjahrs.

'Falconet' – Höhe: 40 cm. Mehrblütige Sorte vom Tazetta-Typ mit kleinen gelben Blütenblättern und einer orangefarbenen Nebenkrone. Stark duftend. Blüht Mitte des Frühjahrs.

'Geranium' – Höhe: 35 cm. Sorte mit vielen kleinen weißen Blüten und leuchtend orangefarbenen Nebenkronen. Köstlicher Duft. Blüht Ende des Frühjahrs.

'Ice Follies' – Höhe: 40 cm. Eine meiner Lieblingsnarzissen. Große Blüten mit elfenbeinfarbenen Blütenblättern und einer zartgelben Trompete, die zu Weiß verblasst. Sehr lang haltbare Schnittblume. Blüht Mitte des Frühjahrs.

Die früh blühende Dichter-Narzisse 'Actaea' verströmt einen zarten Duft.

Tulpen

Tulpenvarietäten gibt es wie Sand am Meer, wobei der Blumenhandel diese Vielfalt kaum widerspiegelt. Das Farbspektrum umfasst eine ganze Malerpalette, von den zartesten Pastelltönen bis zu den sattesten Nuancen. Und anders als es die schlichten, becherförmigen Tulpen vermuten lassen, die an Tankstellen und in Supermärkten verkauft werden, gibt es auch eine unendliche Vielfalt an Blütenformen: Papageientulpen mit gefransten Blatträndern, Viridiflora-Tulpen mit grün gestreiften Blütenblättern oder traumhaft schöne gefüllte Sorten, die an Pfingstrosen erinnern.

Die meisten Tulpen blühen Mitte bis Ende des Frühlings. Damit sind sie die perfekten „Lückenbüßer" für die Zeit zwischen der Narzissenblüte und dem großen Auftritt der Zweijährigen. Es lohnt sich also definitiv, Tulpen ins Blumenbeet zu setzen.

Die meisten Tulpenarten stammen aus heißen, trockenen Regionen, z. B. dem östlichen Mittelmeerraum und Zentralasien. Auf leichtem, durchlässigem Boden gedeihen Tulpen am besten. Knackig kalte Winter und heiße Sommer sind für sie ideal – nicht gerade das, was Mitteleuropa ihnen zu bieten hat. Bei sehr lehmigen oder verdichteten Böden empfiehlt es sich, vor dem Pflanzen scharfen Sand einzuarbeiten. Als Alternative bieten sich Hochbeete an.

Wenn Sie Tulpenzwiebeln dauerhaft im Boden lassen möchten, achten Sie auf die richtige Sortenwahl. Darwin-Hybriden sind ausgesprochen robust und solide. Sie bringen Jahr für Jahr Blüten hervor, machen für meinen Geschmack aber am wenigsten her. Papageientulpen wiederum ziehen im ersten Jahr alle Blicke auf sich, doch ob sie in den Folgejahren erneut Blüten treiben, steht in den Sternen.

Ein wunderbarer Frühlingsstrauß aus cremefarbenen *Tulipa* 'Verona', reinweißen *Tulipa* 'Purissima', weißem Silberblatt und Goldlack.

Die Blütenblätter von *Tulipa* 'Verona' changieren von Elfenbeinweiß bis Buttergelb.

Verblühte Tulpen können Sie ausgraben und bis zum Herbst lagern oder auf den Kompost werfen. Letzteres mag Ihnen wie Verschwendung vorkommen, doch für das Geld, das ein Bund Tulpen im Laden kostet, bekommen Sie locker 25 Zwiebeln. Auch hat es den Vorteil, dass Sie mit dem Ausgraben nicht warten müssen, bis das Laub verwelkt ist, und Sie wertvollen Platz für andere Pflanzen freischaufeln können.

Wenn Sie die Tulpen wieder einpflanzen möchten, lassen Sie die Zwiebeln im Boden, bis

die Blätter abgestorben sind. Die entstehenden Lücken können Sie mit vorkultivierten Spätblühern wie Dahlien und Zinnien auffüllen. Oder Sie reservieren im Gemüsegarten ein Extrabeet für Tulpen, das Sie später mit Kürbissen oder Gurken bepflanzen.

Pflanztipps

Anders als Narzissen pflanzt man Tulpen erst im Spätherbst. Sie bilden bis zum Winter keine Wurzeln aus, und wenn sie zu früh gesetzt werden, fallen sie leicht Schnecken und Pilzerkrankungen zum Opfer. Arbeiten Sie etwas grobkörnigen Sand in den Boden ein, und pflanzen Sie die Zwiebeln mit der Spitze nach oben dreimal so tief, wie sie hoch sind. Wenn Sie die Tulpen nach der Blüte ausgraben, können Sie sie dicht an dicht in die Erde setzen – allerdings sollten sie einander nicht berühren. Verbleiben die Zwiebeln im Boden, empfiehlt sich ein Abstand von zehn Zentimetern.

Tulpen benötigen vor dem Arrangieren eine Vorbereitung (siehe Seite 148).

Empfehlenswerte Sorten

'Abu Hassan' – Höhe: 50 cm. Bezaubernde dunkle Sorte mit rotbraunen, gelb geränderten Blütenblättern. Blüht Mitte bis Ende des Frühlings.

'Angélique' – Höhe: 45 cm. Gefüllte, päonienartige Blüten in den zartesten Rosatönen. Blüht das ganze Frühjahr hindurch.

'Apricot Beauty' – Höhe: 45 cm. Zart lachsfarbene Blüten, die an den Rändern ins Orangefarbene spielen. Blüht das ganze Frühjahr hindurch.

'Artist' – Höhe: 30 cm. Eine Viridiflora-Tulpe mit grün geflammten, lachsrosa Blütenblättern. Blüht Ende des Frühjahrs.

'Ballerina' – Höhe: 55 cm. Lilienblütige, rotorangefarbene Tulpe, die nach Orangenmarmelade duftet. Blüht das ganze Frühjahr hindurch.

'Rococo' – Höhe: 35 cm. Extravagante Papageientulpe mit tiefroten, fransigen Blüten. Blüht Mitte bis Ende des Frühjahrs.

'Verona'– Höhe: 35 cm. Duftende, gefüllte Sorte mit cremeweißen Blüten, die ins Buttergelbe spielen. Hält sehr lange in der Vase und blüht Anfang bis Mitte des Frühjahrs. Ich arrangiere diese Tulpe oft mit Goldlack 'Ivory White'.

Experimentieren Sie in Ihrem Beet ruhig mit ausgefalleneren Sorten, z.B. (hintere Reihe von links nach rechts): 'Abu Hassan', 'Ballerina' und 'Artist' sowie (vordere Reihe von links nach rechts) 'Rococo' und 'Red Shine'.

Zierlauch

Für Zierlauch sollte immer ein Plätzchen zu finden sein, selbst wenn das Blumenbeet aus allen Nähten platzt. Die dekorativen Lauchgewächse nehmen nur wenig Raum in Anspruch und können wunderbar zwischen die zweijährigen Sommerblüher gesetzt werden.

Ihre kugelförmigen Blütendolden, die auf glatten, langen, blattlosen Stielen thronen, sehen in der Vase einfach spektakulär aus. Wie wäre es mit *Allium hollandicum* 'Purple Sensation' oder *Allium vienale* 'Hair' – eine Sorte mit grüner Zottelfrisur, die ihrem Namen alle Ehre macht? Die gigantischen Dolden von *Allium cristophii* lassen sich nur schwer in gemischten Sträußen verarbeiten, ziehen als Solisten aber alle Blicke auf sich.

Kugellauch *(Allium sphaerocephalon)* blüht erst im Hochsommer und damit später als seine Verwandten. Die karmesinroten, eher ovalen Blütenstände sind relativ klein und

Allium hollandicum 'Purple Sensation' – ein klassischer Zierlauch.

Dank seiner relativ kleinen Blütenköpfe lässt sich der Kugellauch gut mit anderen Blumen arrangieren.

kommen im Verbund mit anderen Blumen am besten zur Geltung.

Auf einer kleinen Fläche lassen sich eine Menge Zierlauchzwiebeln unterbringen, nur größere Arten erfordern größere Pflanzabstände, sonst können sich die Blumen nicht richtig entwickeln.

Besonders schön finde ich *Allium caerulum* – eine Zierlauch-Art mit relativ kleinen, leuchtend blauen Blüten, die wunderbar zu meinen pastellfarbenen ein- und zweijährigen Sommerblumen passt.

Zierlauch treibt sehr früh Laub aus, das bereits vor der Blüte abstirbt und dann keinen schönen Anblick mehr bietet. Es empfiehlt sich deshalb, die Zwiebeln zwischen andere Pflanzen zu setzen, beispielsweise Bartnelken. Beide werden im Herbst ausgepflanzt – Letztere etwas früher. Im nächsten Frühling verdeckt das Laub der Bartnelken die vertrockneten Blätter des Zierlauchs, und beide blühen um die Wette.

Pflanztipps

Setzen Sie Zierlauch zur Herbstmitte an eine sonnige Stelle in guten, durchlässigen Boden. Um den Wasserabfluss zu verbessern, können Sie etwas grobkörnigen Sand in die Erde einarbeiten.

Pflanzen Sie die Zwiebeln im Abstand von acht bis zehn Zentimetern dreimal so tief, wie sie hoch sind. Sorten mit größeren Blütenköpfen erfordern größere Pflanzabstände.

Als Verwandter der Gartenzwiebel verströmt Zierlauch – vor allem direkt nach dem Schneiden – einen beißenden Geruch. Das Wasser in der Vase sollte täglich gewechselt werden, um die Geruchsbildung zu vermeiden.

Knollen

Im Welken begriffen, aber immer noch schön: die Blüte einer Garten-Anemone.

Garten-Anemone

Diese frostharten Stauden stammen ursprünglich aus dem Mittelmeerraum, wo sie die Wiesen im Frühling mit spektakulären Blütenteppichen überziehen. In manchen Gegenden Israels sind rote Anemonen zur Touristenattraktion geworden. Wie ihre Herkunft vermuten lässt, lieben sie volle Sonne und gut wasserdurchlässigen Boden. Ist die Erde zu feucht, beginnen die Knollen zu faulen, und in sehr kalten, nassen Wintern sterben sie oft vollständig ab. In kühl-gemäßigten Regionen ist die Kultivierung von Garten-Anemonen *(Anemone coronaria)* also mit einem gewissen Risiko verbunden.

Ich versuche es trotzdem immer wieder – allein schon wegen ihrer wunderschönen mohnartigen Blüten in satten Farben und weil Garten-Anemonen – anders als die meisten Zwiebelgewächse – viele Monate lang unentwegt Blüten hervorbringen.

Ein großer Vorteil von Garten-Anemonen ist zudem, dass sie nicht zu einer bestimmten Zeit gepflanzt werden müssen. Sie können die Knollen im Frühling, Sommer oder Frühherbst pflanzen, sodass sie praktisch das ganze Jahr über Blüten hervorbringen. Unter einem Folientunnel blühen sie mit etwas Glück sogar im Winter.

Pflanztipps

Der Boden in meinem Garten neigt zur Staunässe, sodass ich jahrelang immer wieder Probleme mit Garten-Anemonen hatte. In den Hochbeeten, wo die Erde leichter abtrocknet, gediehen sie besser. In den letzten Jahren bin ich dazu übergegangen, sie in Töpfen zu ziehen. Im Herbst pflanze ich einzelne Knollen in Ein-Liter-Container in ein Gemisch aus Universalerde und scharfem Sand. Die Töpfe stelle ich zum Überwintern in einen kalten Kasten, und im Frühling pflanze ich die Anemonen aus. Das erfordert allerdings ziemlich viel Platz.

Sie können die Knollen auch im Frühling und/oder Frühsommer pflanzen, wenn der Boden abgetrocknet ist (acht Zentimeter tief, Abstand 25 Zentimeter). Im Winter decken Sie sie mit einer dicken Schicht aus Laub oder Rindenmulch ab, um die Knollen vor strengem Frost zu schützen.

Empfehlenswerte Sorten

'De Caen Mixed' – Höhe: 30–40 cm. Mischung in Lila-, Weiß-, Rosa- und Rottönen. Einzelne Sorten erhalten Sie bei spezialisierten Züchtern.

Mit ihren Blütendolden, die Strahlenkränzen gleichen, eignen sich Frühlingssterne wunderbar als Beeteinfassung.

'Die Braut' (syn. 'The Bride') – Höhe: 40 cm. Reinweiße Sorte, die sich wunderbar für Hochzeitssträuße eignet.

'Mister Fokker' – Höhe: 30–40 cm. Blüht blauviolett.

'Sylphide' – Höhe: 40 cm. Blüht in einem wunderbaren Rosarot.

Frühlingsstern

Der Frühlingsstern *(Triteleia laxa* bzw. *Brodiaea laxa)* ist ursprünglich in Kalifornien beheimatet. Die in Büscheln erscheinenden linealischen Blätter verwelken bereits, wie bei Zierlauch, ehe die Dolden mit ihren blauen, sternförmigen Blüten erscheinen. Diese sitzen auf zierlichen Stängeln und halten in der Vase über eine Woche. Besonders hübsch sehen sie in kleinen Arrangements mit Schleier-Straußgras *(Agrostis nebulosa)* und Mutterkraut *(Tanacetum parthenium)* aus.

Die Pflanzen werden etwa 40 Zentimeter hoch, aber nur 10–15 Zentimeter breit, sodass sie sich hervorragend am Rand des Schnittblumenbeets unterbringen lassen. Sie gedeihen am besten bei voller Sonne und in gut durchlässigem Boden, leiden aber unter Kälte und Nässe. Wo ich lebe, sind die Winter meist sehr regenreich. Deshalb pflanze ich Frühlingssterne zur Herbstmitte paarweise in Ein-Liter-Töpfe und überwintere sie im kalten Kasten. Zur Mitte des Frühlings kommen sie dann ins Beet. Bei Direktpflanzung setzen Sie die Knollen etwa sieben Zentimeter tief und mit rund zehn Zentimeter Abstand. Wenn die Winter nicht zu hart sind, werden sie immer wiederkommen (gegebenenfalls mit einer Laubschicht schützen).

Dahlien

Beim Anblick einer trockenen, staubigen Dahlienknolle kann man sich nur schwer vorstellen, dass sie auch nur das geringste Leben hervorbringt, geschweige denn eine Fülle farbenfroher Blüten. Und doch sorgen Dahlien im Spätsommer und im Herbst für ein regelrechtes Blütenfest in jedem Blumenbeet.

Die Heimat der Dahlie ist Mittelamerika. Die spanischen Eroberer brachten sie einst nach Europa, wo sie bald sehr populär wurde. Schon nach kurzer Zeit wurde mit der Züchtung neuer Sorten begonnen. Anders als die meisten Pflanzen besitzen Dahlien keinen zweifachen, sondern einen achtfachen Chromosomensatz, und genau das nutzten die Züchter aus. Heute gibt es rund 30 Dahlienarten mit über 20 000 Kulturformen. Die Bandbreite an Farben umfasst eine breite Palette von Tiefrot über kräftiges Orange bis zu Zitronengelb und Rosa, das Formenspektrum reicht von Kaktusdahlien mit spitzen Zungenblüten über päonienblütige Dahlien bis hin zu Pompondahlien mit kugelförmigen Blütenköpfen.

Dahlien sind atemberaubend schöne Schnittblumen, doch nicht alle Sorten eignen sich für die Vase. Manche verlieren ihre Blütenblätter sehr schnell, während andere zumindest zwei bis drei Tage durchhalten. Die 'Karma'-Serie wurde speziell für den Schnittblumenmarkt gezüchtet. Die Dahlien dieser Gruppe besitzen besonders lange Stiele und halten in der Vase mindestens fünf Tage lang.

'Karma Naomi' gehört zu einer Gruppe von Dahlien, die in Holland eigens für den Schnittblumenmarkt gezüchtet wurde. Ihr sattes Dunkelrot harmoniert besonders gut mit dem leuchtenden Gelb des Sonnenhuts 'Prairie Sun'.

Pflanztipps

Dahlien sind kinderleicht zu kultivieren. Achten Sie darauf, dass Sie gesunde, feste Knollen ohne Schimmel- oder Fäulnisspuren erwerben. Sie sind ab Frühlingsbeginn in Gartencentern und bei Züchtern erhältlich und müssen vor Frost geschützt werden. Für eine sehr frühe Blüte können Sie Ihre Dahlien im Haus oder im kalten Kasten vorziehen. Werden die Knollen im Spätfrühling (nach den Eisheiligen) direkt in die Erde gesetzt, blühen sie ab dem Hoch- oder Spätsommer.

Ich pflanze meine Knollen für gewöhnlich in große Töpfe mit Universalerde und stelle sie auf ein sonniges Fensterbrett. Wenn Sie ebenso verfahren möchten, halten Sie die Erde feucht, aber achten Sie darauf, dass sie nicht zu nass ist. Mitte des Frühjahrs sollten die ersten Triebe aus der Erde lugen. In diesem Stadium sind Dahlien besonders anfällig für Schneckenfraß.

Dahlien, die in einen kalten Kasten oder direkt an Ort und Stelle gepflanzt werden, müssen daher vor diesen hungrigen Mäulern geschützt werden (siehe S. 135).

Haben die Dahlien gut ausgetrieben, düngen Sie sie einmal pro Woche mit einem flüssigen Algendünger. Sind die Pflanzen etwa 40 Zentimeter hoch, kneifen Sie die Spitzen aus, um die Verzweigung zu fördern.

Sobald kein Frost mehr droht, können Dahlien ins Blumenbeet ausgepflanzt werden. Größere Sorten brauchen eine Stütze (siehe S. 125).

Im Hochsommer erscheinen die ersten Blüten. Wenn Sie die Pflanzen regelmäßig düngen, gießen und Verwelktes entfernen, blühen sie durchgehend bis zu den ersten Frösten.

Da Dahlien frostempfindlich sind, müssen sie vor dem Winter aus der Erde genommen werden. Warten Sie, bis der erste Frost die Blätter schwarz verfärbt hat, und graben Sie die Knollen dann vorsichtig aus. Entfernen Sie die anhaftende Erde so gut wie möglich, schneiden Sie die Stängelreste ab, und lagern Sie die Knollen zum Trocknen kopfüber eine oder zwei Wochen an einem frostfreien Ort. Ich wickle meine Knollen dann normalerweise in Zeitungspapier ein und überwintere sie in einem kalten, dunklen Schrank. Auch in Sand lassen sie sich gut überwintern. Hauptsache, sie lagern trocken und frostfrei.

Empfehlenswerte Sorten

Aus der 'Karma'-Serie:
'Karma Naomi' hat tief mahagonifarbene Blüten.
'Karma Choc' blüht schwarzrot.
'Karma Pink Corona' ist eine Kaktusdahlie mit bonbonrosa Blüten.

Die Bartnelke 'Green Trick' und die Rispenhirse 'Frosted Explosion' passen gut zu den Dahlien 'Yvonne' (lachs) und 'Night Queen' (dunkelrot).

Blattgrün & Beiwerk

Mit Kräutern wie Minze, Rosmarin oder Salbei oder den Blättern von Duftgeranien lassen sich Blumensträuße effektvoll aufpeppen.

Blattgrün als Hintergrund

In klassischen Blumenarrangements dient Blattgrün als Kulisse für die Präsentation der Blüten. Wie im Garten liefert es einen neutralen Hintergrund, vor dem sich diese in ihrer ganzen Pracht entfalten können. In der Natur treten Blüten und Blätter meist gemeinsam auf. Blumensträuße mit Blattwerk wirken deshalb besonders natürlich. Außerdem verleiht das Blattwerk Ihren Arrangements Volumen, sodass Sie selbst für eindrucksvolle Sträuße nur eine begrenzte Anzahl Ihrer kostbaren Schnittblumen opfern müssen.

Floristen verwenden als Blattwerk überwiegend Material von immergrünen Pflanzen. Doch wenn Sie in kleinem Stil und auf begrenztem Raum gärtnern, ist das keine Option. Büsche und Bäume nehmen eine Menge Platz weg. Vielleicht haben Sie in Ihrem Garten ja ein paar Pflanzen, die „Grünes" hergeben, doch wenn Sie diese regelmäßig plündern, ist der Vorrat irgendwann erschöpft. Deshalb ist bei der Auswahl der Pflanzen, die die Basis Ihrer Arrangements bilden sollen, ein wenig Fantasie gefragt.

Manche Blumen besitzen von Natur aus hübsche Blätter. Kosmeen und Bartnelken z. B. liefern ihren Blattschmuck für die Vase gleich mit. Wenn Sie die Blätter oberhalb der Wasserlinie einfach dranlassen, benötigen Sie kein weiteres Grün. Ich pflücke manchmal Kosmeentriebe ohne Blütenknospen, nur weil ich die fedrigen Blätter so mag.

Ungeöffnete Sonnenblumenknospen verleihen Arrangements eine interessante Note.

Auch Zweige von Kräutern können als Blattgrün dienen. Rosmarin, Minze und Salbei verleihen kleinen Sträußen nicht nur Struktur, sondern auch einen ganz besonderen Duft. Kräuter profitieren von einem regelmäßigen Rückschnitt und treiben den ganzen Sommer über neue Blätter.

Mir persönlich haben es die weichen, flaumigen Blätter von Duftgeranien *(Pelargonium)* angetan, deren Duft bei Berührung freigesetzt wird. In Hochzeitsbouquets und Knopflochsträußen kommen sie wunderbar zur Geltung. Die Vielfalt verfügbarer Duftnoten ist gigantisch: *Pelargonium* 'Attar of Roses' duftet nach Rosen, *Pelargonium* 'Prince of Orange' nach Orangen. Andere Sorten verströmen Minz-, Aprikosen- oder Zitronenaroma – was immer Sie wollen. Es gibt sogar eine Sorte, die nach „Colafläschchen" (Fruchtgummi) riecht – vielleicht nicht so ideal im Hochzeitsbouquet.

Anderes Beiwerk

Nicht nur Blattwerk kommt als Füllmaterial für Schnittblumenarrangements infrage. Auch eher unscheinbare Blüten, ungeöffnete Knospen, Blumen mit grünen Blüten oder Gräser können die perfekten Begleiter in Sträußen sein. Versuchen Sie es doch einmal mit den Knospen kleinerer Sonnenblumen wie z. B. *Helianthus debilis* 'Vanilla Ice' oder noch geschlossenen Skabiosenblüten. Vor Kurzem habe ich die holländische Bartnelkenzüchtung 'Green Trick' entdeckt. Die limonengrünen, flauschigen Pompons bestehen aus fein beblätterten Zweiglein,

die sich anstelle der Blüten gebildet haben. Ohne Blüte gibt es keine Samen, sprich: 'Green Trick' kann nur vegetativ vermehrt werden. Wenn Sie diese Sorte in Ihrem Schnittblumenbeet anpflanzen möchten, müssen Sie sich ein paar Jungpflanzen in der Gärtnerei besorgen. Dank ihrer Sterilität halten die „Köpfe" sowohl im Garten als auch in der Vase eine Ewigkeit, doch Insekten bieten sie keinerlei Nahrung. Ähnliche Farbeffekte in Sträußen lassen sich auch mit den ungeöffneten, igelartigen Knospen anderer Bartnelken-Sorten erzielen.

Frauenmantel gehört zu den Stauden und bringt jedes Jahr aufs Neue weich behaarte, muschelförmige Blätter hervor, die gegen Mitte des Frühlings von Stängeln mit winzigen, lindgrünen Blütensternen überragt werden. Die Grünnuancen des Frauenmantels kontrastieren wunderbar mit den meisten Blütenfarben, und die Blüten selbst sind so klein, dass sie in Arrangements nur zarte Farbtupfer setzen und größeren Blüten nicht die Show stehlen.

LINKE SEITE LINKS Grüne Hochblätter und Blütendolden des Hasenohrs.

LINKE SEITE RECHTS Locker verzweigte, aufrechte Blütenstände des Frauenmantels.

DIESE SEITE LINKS Duftige Dilldolden.

DIESE SEITE RECHTS Grüne Pompons der Bartnelke 'Green Trick'.

Kräuter (hier Dill) verleihen nicht nur Gerichten, sondern auch Blumensträußen das gewisse Etwas.

Frauenmantel sät sich von selbst aus, und zwar so reichlich, dass manche Gärtner ihn als Unkraut betrachten. Ich kann ihn als Beetpflanze jedoch nur wärmstens empfehlen, denn er kommt praktisch mit jedem Boden und mit jedem Wetter klar. Dank seiner Haltbarkeit und Blühfreudigkeit eignet er sich perfekt als Schnittblume. Frauenmantel ist in jeder Gärtnerei erhältlich, in den meisten Gärten aber so verbreitet, dass Sie bestimmt jemanden kennen, der Ihnen ein oder zwei Exemplare abgibt. Am besten werden die Stauden zu Beginn des Frühjahrs oder Herbstes geteilt, und wenn Sie erst einmal eine bei sich angesiedelt haben, werden Sie sich vor Nachwuchs nicht mehr retten können. Topfen Sie die gewünschte Zahl von Pflänzchen ein, und pflanzen Sie sie, wenn sie groß genug sind, aus.

Frauenmantel blüht vom Spätfrühling bis zum Hochsommer. Durch regelmäßiges Schneiden der Blüten lässt sich seine Ausbreitungsneigung ein wenig eindämmen. Nach der Blüte schneiden Sie ihn am besten bis zur Basis zurück. Das klingt vielleicht brutal und sieht erst einmal auch so aus, doch schon innerhalb von 10–14 Tagen erscheinen frische kleine Blätter. Mit ein paar Spritzern flüssigem Algendünger oder Beinwelljauche wird er im Spätsommer oder Herbst noch einmal blühen.

Manche Pflanzen haben nur winzige Blüten, aber grellgrüne Hochblätter, die in Sträußen schön zur Geltung kommen. Hierzu gehören z.B. das Hasenohr *(Bupleurum)* und *Euphorbia oblongata*, eine Wolfsmilchart. Beide haben allerdings auch ihre Tücken: *Bupleurum rotundifolium* 'Griffithii' ist schwierig zu ziehen und keimt unregelmäßig. Auch sind die Pflanzen kurzlebig und müssen, um regelmäßige Erträge zu bringen, immer wieder ausgesät werden. *Euphorbia oblongata* hingegen ist leicht zu kultivieren und entwickelt den Sommer über sehr zuverlässig Laub für Ihre Sträuße. Aber leider produzieren Wolfsmilchgewächse einen giftigen Milchsaft, der beim Schneiden austritt und zu Hautreizungen führen kann.

Schleierkraut ist das klassische Strukturmaterial der Floristen. Seine verzweigten, mit winzigen Blüten übersäten Rispen verleihen

Frauenmantel ist leicht zu ziehen. Schon wenige Pflanzen liefern Ihnen Blattwerk und Blüten in Hülle und Fülle.

Blumensträußen eine duftige, transparente Note. Auf kleinen Blumenbeeten ist es schwierig zu ziehen. Ich habe es vor ein paar Jahren einmal probiert und musste wegen der kurzen Blütezeit alle drei Wochen nachsäen. Um eine vernünftige Ausbeute zu erzielen, braucht man also eine Menge Platz. Schleierkraut zu kultivieren lohnt sich nur im Hinblick auf einen besonderen Anlass, etwa eine anstehende Hochzeitsfeier. Wenn Sie auf hohe Erträge und lange Blühperioden spekulieren, sind Sie mit anderen Pflanzen besser bedient. Wilde Möhre oder Knorpelmöhre *(Ammi)* sind optisch ebenso unaufdringlich, faktisch aber wesentlich ertragreicher.

Natürlich benötigt nicht jeder Strauß zusätzliches Blattwerk. Manche Blumen sind für sich allein arrangiert viel effektvoller, z.B. Primeln und Traubenhyazinthen, die mit viel Grün drum herum geradezu verloren wirken würden.

Einjährige Strukturpflanzen

Mit den Dolden der Zahnstocher-Ammei können Sie Blumensträußen Volumen verleihen.

Trivialname **Zahnstocher-Ammei, Große Knorpelmöhre, Bischofskraut**
Botanisch ***Ammi majus, A. visnaga***
Familie **Apiaceae**
Wird einjährig kultiviert
Vorzüge **Duftige weiße Blüten, natürliches Flair**

Die folgenden Einjährigen sind schöne Strukturpflanzen und leicht selbst zu ziehen.

Knorpelmöhre (*Ammi*)

Diese Verwandten der Wilden Möhre sind in Europa, Asien und Nordafrika zu Hause. Hierzulande werden vor allem zwei *Ammi*-Arten kultiviert: das Bischofskraut *(Ammi majus)* und die Zahnstocher-Ammei *(Ammi visnaga)*. Beide haben attraktives, fein gefiedertes Laub und Dolden mit weißen Blüten, die Bienen und Schwebfliegen magisch anziehen. Bischofskraut ist etwas filigraner als die Zahnstocher-Ammei. In meinem Garten ziehe ich nur *Ammi visnaga*, denn es hält in der Vase länger als Bischofskraut und verliert auch seine Blütenblätter nicht. Die getrockneten Doldenstrahlen kann man übrigens als Zahnstocher benutzen.

Aussäen Ab März im Haus in Topfplatten; ab Mai an Ort und Stelle.
Auspflanzen Mitte bis Ende des Frühjahrs.
Blütezeit Hochsommer bis Herbstmitte.
Entspitzen Nicht notwendig.
Standort Durchlässiger Boden und volle Sonne.
Düngen Nicht notwendig.
Höhe 80 cm.
Umfang 30 cm.
Abstand 30 cm.
Stütze Verwenden Sie ein Pflanzennetz.
Empfehlenswerte Sorten *A. majus* 'Graceland'; *A. visnaga*.

Schneiden Wenn ein Viertel der Blüten einer Dolde aufgeblüht sind.
Weitere Maßnahmen Keine.

Wilde Möhre

Die Wilde Möhre ist die Wildform der Gartenmöhre. Möhren sind normalerweise zweijährig: Im ersten Jahr entwickeln sie die lange Wurzelrübe, im zweiten Jahr blühen sie. Die hier empfohlenen Sorten haben den Vorteil, dass man sie als Einjährige kultivieren kann. Im Frühjahr ausgesät, blühen sie ab dem Hochsommer bis zu den ersten Frösten. Die imposanten Doppeldolden tragen winzige, sternförmige Blüten, je nach Sorte in spektakulären Farben. Vor allem die pflaumenblaue 'Black Night', die zudem in der Vase besonders lange hält und sehr vielseitig zu verwenden ist, hat es mir angetan. Ihre Blütenfarbe harmoniert sowohl

Trivialname **Wilde Möhre**
Botanisch ***Daucus carota***
Familie **Apiaceae**
Wird einjährig kultiviert
Vorzüge **Tolle Blüten, die lange halten**

Ich liebe die pflaumenblauen Blütendolden von *Daucus carota* 'Black Knight'.

Eine namenlose weiß-rosa Varietät der Wilden Möhre in meinem Blumenbeet.

mit Pastelltönen als auch mit den intensiveren, satteren Farben von Spätsommer- und Herbstblumen. Die Wurzel ist nicht zum Verzehr geeignet.

Aussäen Anfang des Frühjahrs in Topfplatten oder kleinen Töpfen, um die Wurzeln nicht zu stören.
Auspflanzen Ende des Frühjahrs.
Blütezeit Vom Hochsommer bis zum ersten Frost.
Entspitzen Nicht notwendig.
Standort Volle Sonne, durchlässiger Boden.
Düngen Nicht notwendig.
Höhe Bis 1,25 m.
Umfang 25 cm.
Abstand 30 cm.
Stütze Verwenden Sie ein Pflanzennetz.
Empfehlenswerte Sorten 'Black Knight'; 'Dara'.
Schneiden Sobald sich die winzigen Blüten öffnen.
Weitere Maßnahmen Keine.

Nachtviole

Diese beliebte Bauerngartenblume stammt aus dem Mittelmeerraum, fühlt sich in gemäßigten Klimaten aber ebenfalls wohl. Hier kennt man sie auch unter dem Namen „Matronenblume". Ihre vierzähligen Blüten erinnern ein wenig an die Blüten von Levkojen und Ölrauken *(Eruca vesicaria* subsp. *sativa)*. Nachtviolen duften stark, vor allem am Abend. Diesem Umstand verdanken sie auch ihren wissenschaftlichen Namen: Der Titan Hesperos galt in der griechischen Mythologie als Sternenkundiger. Nach ihm wurde der Abendstern benannt.

Nachtviolen bilden an der Basis Rosetten, aus denen lange Blütenstängel emporwachsen. Die Blätter sind lanzettlich geformt und fühlen sich, da sie behaart sind, ein wenig rau an.

Dank ihrer Unverwüstlichkeit ist die Nachtviole in der Natur sehr verbreitet. Sie sprießt in lichten Wäldern ebenso wie in Gebüschen. Als Staude treibt sie jedes Jahr wieder aus. Da sie mit zunehmendem Alter stark verholzt und immer weniger Blüten produziert, kultiviert man sie am besten als Zweijährige.

Aussäen Früh- bis Hochsommer.
Auspflanzen Frühherbst.
Blütezeit Spätfrühling bis Spätsommer, vereinzelt bis in den Herbst.
Entspitzen Nicht notwendig.
Standort Bevorzugt volle Sonne und durchlässigen Boden, ist aber ansonsten recht anspruchslos.

Trivialname **Nachtviole**
Botanisch ***Hesperis matronalis***
Familie **Brassicaceae**
Kurzlebige Staude, wird zweijährig kultiviert
Vorzüge **Süßer Duft und lange Haltbarkeit in der Vase**

Düngen Im Herbst oder Frühjahr mit Kompost mulchen.
Höhe 80 cm.
Umfang 30 cm.
Abstand 35–40 cm.
Stütze Ein Pflanzennetz oder das Anbinden an Ruten ist sinnvoll.

In zartem Weiß blühende Nachtviolen wirken sehr edel, doch die rosafarbenen Sorten duften stärker.

Empfehlenswerte Sorten Es gibt Samenmischungen mit rosa- und lilafarbenen Blüten. *Hesperis matronalis* var. *albiflora* ist eine reinweiße Varietät.
Schneiden Sobald sich die ersten Blüten öffnen.
Weitere Maßnahmen Keine.

Wolfsmilch

Wolfsmilch gedeiht in der Regel hervorragend, allerdings sondert sie einen Saft ab, der zu erhöhter Lichtempfindlichkeit der Haut und zu Haut- und Schleimhautreizungen (u.a. der Augen) führen kann. Deshalb sollte man beim

Trivialname **Wolfsmilch**
Botanisch ***Euphorbia oblongata***
Familie **Euphorbiaceae**
Kurzlebige Staude, wird einjährig kultiviert
Vorzüge **Die grüngelben Hochblätter heben farbige Blüten hervor**

Vor den gelbgrünen Hochblättern der Wolfsmilch kommen bunte Blüten besonders gut zur Geltung.

Hantieren mit Wolfsmilch immer Handschuhe tragen und die Stiele vor dem Arrangieren kurz in kochendes Wasser halten (siehe S. 149).

Aussäen Ab dem Spätwinter im Haus, ab Frühjahrsmitte an Ort und Stelle.
Auspflanzen Mitte bis Ende des Frühjahrs.
Blütezeit Vom Frühsommer bis zum ersten Frost.
Entspitzen Nicht notwendig.
Standort Bevorzugt volle Sonne, gedeiht aber auch im Halbschatten.
Düngen Nicht notwendig.
Höhe 60 cm.
Umfang 40 cm.
Abstand 45–50 cm.
Stütze Verwenden Sie ein Pflanzennetz.
Schneiden Sobald sich die Hochblätter öffnen.
Weitere Maßnahmen Die Stiele 20–30 Sekunden in kochendes Wasser tauchen, um den Milchfluss zu stoppen.

Großes Zittergras

Zittergras ist kinderleicht zu ziehen und doch so wertvoll für das Schnittblumenbeet. Es verleiht Blumenarrangements nicht nur Fülle, sondern auch einen einzigartigen Charakter: Die schillernden, von haarfeinen Stielen herabbaumelnden Ährchen glänzen wie Perlmutt und reflektieren das Licht. Sie können die Rispen frisch in gemischten Sträußen verarbeiten oder trocknen lassen, um sie später in Trockensträuße einzuarbeiten.

Aussäen Zu Frühjahrsanfang in Topfplatten; Mitte des Frühlings an Ort und Stelle.
Auspflanzen Mitte bis Ende des Frühjahrs.
Blütezeit Frühsommer bis Spätsommer.
Entspitzen Nicht notwendig.
Standort Volle Sonne, durchlässiger Boden.
Höhe 40 cm.
Umfang 20 cm.
Abstand 25 cm
Stütze Keine.
Schneiden Solange die Ährchen noch geschlossen sind
Weitere Maßnahmen Keine.

Trivialname **Großes Zittergras**
Botanisch ***Briza maxima***
Familie **Poaceae**
Einjährig
Vorzüge **Filigrane Rispen für Wiesenflair**

Großes Zittergras ist leicht zu ziehen und kann frisch oder getrocknet verwendet werden.

Weitere Gräser

Weitere empfehlenswerte Gräser sind Schleier-Straußgras *(Agrostis nebulosa)*, Rispenhirse (*Panicum elegans* 'Frosted Explosion') und Mähnengerste *(Hordeum jubatum)*. Die beiden Ersteren gehören zu den robusten Einjährigen, *Panicum* ist frostempfindlich.

Gräser säen Sie am besten in Topfplatten (drei bis vier Körner pro Vertiefung). Die Pflänzchen nicht pikieren, sondern später einfach zusammen ins Beet setzen. Das sorgt für schöne Horste.

Die Rispen von Schleier-Straußgras und Rispenhirse verleihen Blumenarrangements etwas Duftig-Zartes. Mähnengerste hat lange rosa Grannen, die an Eichhörnchenschwänze erinnern. Wenn Sie draußen feiern und Ihrem Tischschmuck ein paar Gräser hinzufügen, wiegen sich diese bei jeder Brise im Wind und bringen so Bewegung in Ihre Tischdekoration.

Panicum elegans 'Frosted Explosion' darf in keinem Schnittblumenbeet fehlen. Die Rispen werden beim Trocknen graublau.

Anlegen des Blumenbeets

Pflanzen ziehen

Ein Fensterbrett ist ideal zum Vorziehen von Pflanzen. Drehen Sie Schalen und Töpfe jeden Tag, damit die Sämlinge gleichmäßig Licht bekommen.

Sobald Sie sich entschieden haben, welche Pflanzen Sie ziehen wollen, können Sie loslegen. Sollten Sie noch nie gegärtnert haben, gehen Sie einfach mit frischem Mut ans Werk: Samen wollen keimen – Sie müssen ihnen nur ein wenig dabei helfen. Für mich gehört das Heranziehen von Setzlingen zu den befriedigendsten Aspekten des Gärtnerns. Ich habe sicher schon Tausende von Samenkörnern in Erde gelegt, bin aber jedes Mal wieder aus dem Häuschen, wenn sich die ersten winzigen Keimblättchen ihren Weg ans Licht bahnen.

Manche Einjährige kommen mit kühleren Temperaturen besser klar als andere. Diese robusteren Arten können von Anfang bis Ende des Frühjahrs ausgesat werden. Sie keimen schneller, gedeihen besser und werden seltener von Schnecken angefressen, wenn sie im Haus in Saatschalen ausgesät werden. Sobald sich die Erde genügend erwärmt hat, ist auch das Säen an Ort und Stelle (Direktsaat) möglich. Laut einer alten Bauernregel prüft man die Bodentemperatur, indem man sich mit dem nackten Hinterteil auf die Erde setzt. Sofern Ihnen Ihr Ruf in der Nachbarschaft nicht ganz gleichgültig ist, können Sie stattdessen auch einfach darauf achten, ob einjährige Unkräuter bereits zu keimen begonnen haben. Ist es für sie warm genug, dann ist es auch warm genug für Ihre Blumensamen. Einige Einjährige können sogar schon im Frühherbst ausgesät werden, damit sie im Jahr darauf früher blühen (siehe S. 39–52). In sehr kalten Regionen müssen Sie die Pflänzchen aber vor Eis und Schnee schützen. Hierfür eignen sich z. B. kalte Kästen und Folientunnel.

Einjährige, die aus wärmeren Klimazonen stammen, gedeihen bei höheren Temperaturen besser. Sie sollten auf jeden Fall vor Frost geschützt werden. Wenn sie Mitte des Frühjahrs in Saatschalen auf der Fensterbank ausgesät werden, haben sie genügend Zeit, sich zu entwickeln. Sobald keine Frostgefahr mehr droht, können sie ausgepflanzt werden. Wenn Sie die Aussaat an Ort und Stelle bevorzugen, warten Sie am besten ebenfalls, bis die Eisheiligen vorüber sind.

Ein Nachteil der Direktsaat von empfindlichen Einjährigen ist, dass sich die Vegetationsperiode dadurch beträchtlich verkürzt. Womöglich kommen Ihre Pflanzen erst dann so richtig in Schwung, wenn der Herbst schon vor der Tür steht und sie zurückgeschnitten werden müssen. Auch auf den Samentütchen finden Sie Hinweise, wann und wie die Pflanzen am besten vorzuziehen sind.

Zweijährige fallen bei der Planung oft gänzlich unter den Tisch. Das ist jammerschade, denn zu ihnen gehören einige der besten, blühfreudigsten und haltbarsten Schnittblumen. Sie werden im Frühsommer oder Hochsommer ausgesät und blühen im folgenden Frühjahr. Ich empfinde das als großen Vorteil, denn in den ersten Monaten des Jahres sind meine Fensterbänke und mein Frühbeet mit Saatschalen und Töpfchen komplett belegt. Erst im Hochsommer gibt es wieder Platz für neue Sämlinge. In der Sommerwärme keimen Zweijährige schnell. Nach dem Pikieren brauchen sie nur wenig Pflege. Werden sie regelmäßig gewässert, können sie im Frühherbst an die gewünschte Stelle ausgepflanzt werden.

Wenn Sie Ihre Pflanzen im Haus vorziehen, haben Sie sie in ihrer empfindlichsten Wachstumsphase im Auge.

Die Aussaat

Optimale Bedingungen

Jeder Samen enthält einen winzigen Keimling, der nur darauf wartet, sich zu einer Pflanze zu entwickeln. In den meisten Fällen braucht er dazu nichts weiter als Sauerstoff, Wasser, Licht und Wärme. Manche Samen müssen vor der Aussaat vorbehandelt werden, doch die hier empfohlenen Schnittblumen sind einfach zu ziehen.

Anzuchterde beschert Ihren Samen den besten Start ins Leben. Sie ist anders zusammengesetzt als herkömmliche Blumenerde, hat eine feine Textur, absorbiert die richtige Menge Feuchtigkeit, ist nährstoffarm und luftdurchlässig. Wenn Sie Universalerde verwenden, nehmen Sie möglichst torffreie Erde und setzen Sie Perlit zu, um Luft- und Wasserdurchlässigkeit zu verbessern. Selbst hergestellte Komposterde ist für die Aussaat nicht geeignet, es sei denn, beim Kompostieren werden so hohe Temperaturen erreicht, dass alle Unkrautsamen abgetötet werden. Da das meist nicht der Fall ist, können Sie am Ende nicht mehr zwischen keimenden Blumen und keimendem Unkraut unterscheiden.

Containerpflanzen

Ist der Platz für Saatschalen begrenzt, können Sie bei einigen Arten auf vorgezogene Pflänzchen aus der Gärtnerei oder einem Gartencenter zurückgreifen. Größe und Zustand gekaufter Pflanzen können allerdings sehr unterschiedlich sein: Neben winzigen Exemplaren mit wenigen Blättern werden häufig größere, kräftige Jungpflanzen angeboten. Setzen Sie Ihre Schützlinge zu Hause in andere Töpfe um und päppeln Sie sie eine Zeitlang an einem vor Kälte geschützten Ort. Sie wurden im warmen Gewächshaus gezogen und schwächeln, wenn sie sofort nach draußen kommen. Nicht alle Schnittblumen aus diesem Buch gibt es als Containerware, aber vielleicht hat ja auch ein Gartenfreund aus Ihrer Nachbarschaft ein paar Pflänzchen für Sie übrig – wenn Sie ihn nett fragen.

Das brauchen Sie zur Aussaat

- Anzuchterde
- Perlit
- Vermiculit (Mineral)
- Saatschalen
- Etiketten
- Stift
- Gießkanne mit feiner Brause

Man mag es kaum glauben: Aus diesen winzigen Samen entwickelt sich ein richtiges Blütenmeer.

Die Erde vorbereiten

Wenn Sie sich die ersten Samen zur Aussaat bereitlegen, ist die Anzuchterde oft noch sehr kalt, vor allem wenn sie irgendwo im Freien gelagert wurde. Für die Keimung ist das alles andere als optimal. Am besten füllen Sie Ihre Töpfe und Saatschalen erst einmal nur mit der Erde und stellen sie ins Haus auf ein sonniges Fensterbrett oder in die Nähe der Heizung. Nach ein paar Tagen hat sich die Erde erwärmt, und Sie können säen.

Saatgefäße

Bei der Auswahl von Saatgefäßen sind nur wenige Dinge zu beachten. Ob Sie für die Aussaat Saatkisten aus Holz, Terrakottatöpfe, Plastikschalen oder Joghurtbecher verwenden, spielt keine große Rolle. Ich verwende gerne kleine Saatschalen mit Haube, die gut aufs Fensterbrett passen, sodass ich auf kleinstem Raum viele verschiedene Blumen ziehen kann.

Abzugslöcher sind ein Muss: Wenn sich die Nässe in den Behältern staut, drohen die Keimlinge zu faulen. Tiefe Behälter sind nur ab einer gewissen Samengröße (siehe Kasten rechts) zu empfehlen, denn kleine Samen bilden beim Keimen keine tief reichenden Wurzeln aus, sodass ein Teil der Erde verschwendet wäre.

Manche Blumen wie z.B. Zinnien nehmen jede Störung des Wurzelsystems nach dem Keimen übel und sollten daher einzeln in Topfplatten oder Tontöpfchen gesät werden.

Die optimale Saattiefe

- **Große Samen** wie die von Duftwicken sollten in große, tiefe Töpfe gesät und etwa einen Zentimeter dick mit Erde bedeckt werden. Da die Pflänzchen lange in den Töpfen bleiben, verwenden Sie am besten Universalerde.
- **Mittelgroße Samen** wie die von Bartnelken und Silberblatt werden auf das Substrat gesät und dann mit einer feinen Schicht Erde, Vermiculit oder grobem Sand bedeckt.
- **Winzige Samen** wie die von Löwenmäulchen oder Rispenhirse *(Panicum)* werden ebenfalls auf das Substrat gesät, aber nicht mit Erde bedeckt.

Einjährige wie Rittersporn können auch auf der Fensterbank vorgezogen werden.

Richtig aussäen

Mischen Sie die Anzuchterde mit Perlit, um sie zu lockern. Das verbessert die Wasser- und Luftdurchlässigkeit und fördert die Keimung.

Füllen Sie einen Behälter Ihrer Wahl nur bis knapp unter den Rand mit Erde, sodass Sie später noch problemlos wässern können.

Drücken Sie die Erde an, um Luftlöcher zu schließen und eine ebene Fläche herzustellen. Ich verwende dazu den Boden einer anderen Saatschale.

Verteilen Sie die Samen dünn und gleichmäßig auf dem Substrat. Wenn die Keimlinge zu dicht stehen, werden sie schwach und anfällig für Krankheiten.

Bedecken Sie mittelgroße und große Samen dünn mit Erde. Sehr kleine Samen bleiben unbedeckt. Beschriften Sie Ihre Saatschalen mit dem Namen des Saatguts und dem Datum der Aussaat.

Wässern Sie Ihre Samen vorsichtig mit einer kleinen Gießkanne mit feiner Brause, oder stellen Sie die Saatschalen ins Wasser, bis die Erde sich vollgesogen hat.

Die Umfallkrankheit

Wenn Sie eines Tages ins Zimmer kommen und feststellen, dass Ihre Keimlinge aus scheinbar unerfindlichen Gründen das Zeitliche gesegnet haben, sind sie der durch Pilze verursachten Umfallkrankheit erlegen. Infizierte Pflanzen sind nicht mehr zu retten und müssen entsorgt werden. Waschen Sie Ihre Saatschalen und Töpfe daher vor jeder Aussaat mit heißem Seifenwasser aus, und verwenden Sie nur sterile Anzucht- und Blumenerde sowie lauwarmes Wasser zum Gießen.

Sämlinge hegen

Ist es Ihnen geglückt, Ihre Samen gleichmäßig auf dem Substrat zu verteilen? Dann zerstören Sie Ihr Werk nicht schon im nächsten Augenblick mit einem Schwall Wasser aus einer großen Gießkanne. Das Saatgut würde verrutschen, die Erde teilweise weggeschwemmt.

Eine kleine Gießkanne mit feiner Brause oder besser noch eine Sprühflasche mit verstellbarer Düse sind zum Wässern von Saatgut viel besser geeignet. Damit die Feuchtigkeit nicht gleich wieder verdunstet, bedecken Sie die Saatschalen mit einer Plastikhaube, einer Glasscheibe oder einer Folie.

Saatgut und Keimlinge sollten immer mit Trinkwasser gegossen werden. Regenwasser aus der Tonne enthält unter Umständen Keime oder Bakterien, die zum Absterben der zarten Pflänzchen führen könnten. Lauwarmes Gießwasser fördert das Wachstum und ist einer „kalten Dusche" unbedingt vorzuziehen.

Sobald die Keimung einsetzt, sollten Sie die Abdeckung von den Saatgefäßen entfernen, damit Ihre Sämlinge nicht von einer Pilzerkrankung dahingerafft werden.

Bei Trockenheit oder Wind trocknet der Boden besonders schnell aus. Wenn Sie ihn nach dem Wässern Ihrer Pflanzen mulchen, kann sich die Feuchtigkeit besser halten. Verwenden Sie dazu Komposterde oder Rasenschnitt.

Pikieren

Pikieren nennt man das Vereinzeln von Sämlingen in eigene Töpfchen. So haben sie genügend Platz und sind ausreichend mit Nährstoffen versorgt, um zu gesunden Jungpflanzen heranzuwachsen. Bei Keimung der Samen erscheinen zunächst die Keimblätter (ein oder zwei, je nachdem). Diese ermöglichen der Pflanze, die Energie der Sonne zur Photosynthese zu nutzen. Die Keimblätter sehen anders aus als die späteren Laubblätter. Sobald die ersten „echten" Blätter erscheinen, wird es Zeit zum Pikieren.

Hebeln Sie den Sämling mit einem Pflanzschildchen oder einem Stift vorsichtig aus der Erde. Fassen Sie ihn an den Keimblättern an, und verletzen Sie die Wurzeln möglichst nicht.

Sie fragen sich, warum Sie die Sämlinge an den Keimblättern fassen sollen? Weil es zu diesem Zeitpunkt nicht mehr schlimm ist, wenn sie beschädigt werden.

Setzen Sie die Sämlinge einzeln in beschriftete Töpfe mit Universalerde, und wässern Sie sie. An einem warmen, sonnigen Ort entwickeln sie sich am besten.

Auspflanzen und abhärten

Inspizieren Sie Ihre Pflanzen regelmäßig. Wenn die Wurzeln aus den Töpfen herauszuwachsen beginnen, ist es Zeit zum Umtopfen oder Auspflanzen.

Bleiben die Pflanzen zu lange im Topf, verdichten sich die Wurzeln, und das Wachstum verlangsamt sich.

Sechs bis acht Wochen nach dem Pikieren sollten Ihre Pflanzen groß genug sein, um ins Beet ausgepflanzt zu werden. Bis dahin prüfen Sie gelegentlich, ob Wurzeln aus den Abzugslöchern der Töpfe sprießen, und topfen sie ggf. noch einmal um. Vor dem Auspflanzen müssen die Jungpflanzen nach und nach abgehärtet, d.h. an die Temperaturen im Freien gewöhnt werden. Stellen Sie sie zunächst etwa eine Woche lang nur tagsüber nach draußen, und holen Sie sie über Nacht wieder ins Haus. Anschließend lassen Sie sie – eventuell mit einer Folienabdeckung – auch über Nacht im Freien stehen. Etwa eine Woche später können Sie die Pflanzen ins Beet setzen. Empfindliche Einjährige und Dahlien reagieren in diesem Stadium am sensibelsten auf Temperaturschwankungen. Kündigt der Wetterbericht Nachtfrost an, bringen Sie Ihre Schützlinge besser in Sicherheit.

Entspitzen

Durch das Entspitzen wird die Bildung von Seitentrieben angeregt, sodass die Pflanze – hier eine Duftwicke – kompakter wird.

Manche Pflanzen bilden einen einzigen, spillerigen Haupttrieb, der schnurstracks gen Himmel wächst. Das sieht nicht nur furchtbar aus, sondern schmälert auch die Blütenpracht, denn nur kräftige, verzweigte Pflanzen sind in der Lage, viele Blüten zu produzieren. Durch Entspitzen – das Entfernen der Triebspitze – können Sie die Bildung von Seitentrieben fördern. Wenn Ihre Jungpflanzen etwa zehn Zentimeter hoch sind oder vier bis fünf Paar Laubblätter ausgebildet haben, knipsen Sie den Haupttrieb einfach mit den Fingern über dem dritten oder vierten Blätterpaar ab.

Duftwicken, Löwenmäulchen und Zinnien müssen entspitzt werden, *Ammi*-Arten und Wilde Möhre hingegen können Sie einfach wachsen lassen. Weitere Hinweise zum Entspitzen finden Sie in den Pflanzenporträts.

Kornblumen sollten unbedingt entspitzt werden – sie bringen dann wesentlich mehr Blüten hervor.

Auspflanzen

Gegen Ende des Frühlings sollten die ersten vorgezogenen Pflänzchen ausgepflanzt werden können. Je früher sie sich im Blumenbeet zu Hause fühlen, desto früher werden sie auch Blüten hervorbringen. Zur Bestimmung der Pflanzabstände verwende ich meine Pflanzschaufel. Sie ist 30 Zentimeter lang; der Griff misst 15 Zentimeter. Mit diesen beiden Maßeinheiten kann ich beim Auspflanzen gut arbeiten.

Düngen

Die meisten Schnittblumen brauchen nicht viele Nährstoffe. Ist der Boden überdüngt, schießen sie gerne ins Kraut, statt Blüten zu produzieren. Einige Pflanzen profitieren jedoch von zusätzlichen Düngergaben.

Zu ihnen gehören beispielsweise Duftwicken und Sonnenblumen. Beim Auspflanzen gebe ich jeweils eine Handvoll Beinwell-Pellets in die Pflanzlöcher (siehe Bezugsquellen im Anhang). Als Alternative empfehlen sich Beinwellblätter. Beinwell ist sehr reich an Kalium. Dieser Mineralstoff fördert nicht nur die Blütenproduktion, sondern gibt den Pflanzen auch einen regelrechten Wachstumsschub. Spezielle Kaliumdünger sind im Handel erhältlich.

Dahlien benötigen viele Nährstoffe. Vor dem Einpflanzen arbeite ich daher Kompost oder gut verrotteten Mist in die Erde ein. Die Zugabe von Beinwell-Pellets ist ebenfalls zu empfehlen.

Duftwicken sind für eine zusätzliche Düngergabe beim Auspflanzen dankbar.

Direktaussaat

Manche Blumen können an Ort und Stelle gesät werden. Das ist zeitsparender als das mühselige Vorziehen im Haus und sehr praktisch, wenn Sie keinen Platz für Saatschalen haben. Doch es ist auch mit Nachteilen verbunden.

Im Freien sind Keimlinge und Jungpflanzen Wind und Wetter ausgesetzt. In einem regenreichen Frühjahr verrotten die Samen unter Umständen im Boden. Ist es zu trocken, müssen sie regelmäßig gewässert werden. Auch werden Sie nicht darum herumkommen, immer wieder Unkraut zu jäten, denn schon bald werden unliebsame Wettbewerber Ihren Pflänzchen Licht, Wasser und Nährstoffe streitig machen. Ganz zu schweigen von den Schnecken, die nur darauf warten, sich bei nächster Gelegenheit über Ihre Lieblinge herzumachen.

Aussaat im Freien

Den Boden mit einer Grabgabel lockern. Dann mit einem Rechen glatt ziehen.

Mit dem Ende des Rechens eine Saatrille ziehen.

Die Rille wässern, um das Saatbett anzufeuchten.

Die Samen dünn und gleichmäßig in die Rille streuen. Ihr Abstand ist nicht so wichtig, Sie können die Sämlinge später ausdünnen.

Mit der Rückseite des Rechens Erde über das Saatgut ziehen. Bei trockenem Wetter noch einmal wässern. Die Rille beschriften.

Für die Direktsaat geeignet sind:

- Mohn *(Papaver)*
- Kornblumen *(Centaurea cyanus)*
- Jungfer im Grünen *(Nigella damascena)*
- Gräser

Für die Aussaat an Ort und Stelle muss der Boden gut vorbereitet werden.

Laufende Pflege

Ohne Fleiß kein Preis!

Jedes Blumenbeet, das sich in ein Blütenmeer verwandeln soll, erfordert ein gewisses Maß an Pflege. Das klingt nach Schwerstarbeit, ist aber längst nicht so aufwendig, wie Sie womöglich befürchten. „Mäßig, aber regelmäßig" lautet das Geheimrezept gewiefter Gärtnerinnen und Gärtner. So manche Arbeit können Sie sogar während des Blumenpflückens erledigen, sodass Ihnen noch Zeit genug bleibt, um sich an den Früchten Ihrer Arbeit zu freuen.

Stützen

Die Pflanzen mit Stützen vor Bruchschäden durch Wind und Regen zu schützen ist besonders wichtig, wenn Ihr Beet an einer exponierten Stelle liegt und Sie höhere Blumen wie z. B. Sonnenblumen kultivieren. Es empfiehlt sich aber auch in geschützten Lagen. Starkregen und böige Winde können großen Schaden anrichten und regelrechte Schneisen ins Beet schlagen. Früher habe ich meine Pflanzen immer erst abgestützt, wenn sie umzuknicken drohten, doch dann kam mir das schlechte Wetter oft zuvor. Deshalb ergreift man am besten schon früh im Jahr „unterstützende Maßnahmen".

Eine der einfachsten Möglichkeiten, Pflanzen Halt zu geben, ist die Verwendung eines Pflanzennetzes, das in etwa 45 Zentimeter Höhe horizontal übers Beet gespannt wird. Um es zu befestigen, schlagen Sie an allen vier Beetecken ein paar kräftige Holzpflöcke in den Boden. Damit das Netz besser hält, sollten Sie an den

OBEN Straff gespannte Netze geben Pflanzen zuverlässig und nahezu unsichtbar Halt.

LINKS Das Pflanzennetz wird zwischen Pfosten an den Ecken des Beetes aufgespannt.

Dekorative Aufsätze

Nicht selten läuft man im Garten Gefahr, sich beim Bücken einen von Pflanzen verdeckten Pfosten ins Auge zu rammen! Abhilfe versprechen im Handel erhältliche Aufsätze für Stäbe und Pfosten. Eine kostengünstige, ebenso praktische wie fantasievolle Lösung sind Schneckenhäuser, die sich mit ein paar Spritzern Farbe in kleine Schmuckstücke verwandeln lassen.

Schneckenhäuser sind wunderbare Aufsätze für Pfosten und Stützen. Oft findet man sie an feuchten Stellen oder unter Steinen.

Beeträndern entlang zusätzlich Bambusstäbe oder dünne Äste in die Erde stecken und das Netz daran festbinden. Das Ganze wirkt am Anfang ein bisschen unansehnlich, doch schon bald werden die Pflanzen durch das Maschengeflecht hindurchwachsen und es verdecken. Eine simple Maßnahme, durch die Sie mit wenig Aufwand große Wirkung erzielen.

Wenn Sie ein Plastiknetz unästhetisch finden und genügend Zeit haben, können Sie auch aus Bambusstäben eine Art Spalier basteln. Sichern Sie die Verbindungsstellen mit Schnur, und befestigen Sie das Gitter ebenfalls etwa 45 Zentimeter über dem Boden. Mit gerade oder diagonal verspannten Schnüren lässt sich ebenfalls ein einfaches, unauffälliges Stützgeflecht herstellen.

Manche Blumen benötigen zusätzliche Unterstützung. Sonnenblumen werden am besten einzeln an stabilen, hohen, tief in den Boden gerammten Pfosten gesichert. Neben ihnen nehmen sich die Jungpflanzen unter Umständen zunächst ein bisschen lächerlich aus, doch das frühzeitige Setzen der Pfosten verhindert, dass die Wurzeln beschädigt werden. Binden Sie die Stängel während der Wachstumsphase in regelmäßigen Abständen am Pfosten fest.

Sowohl Kosmeen als auch Dahlien entwickeln sich zu kräftigen Pflanzen mit langen Stängeln, die zum Umknicken neigen, vor allem bei Wind und Regen. Ich sichere sie mit kreisförmig in den Boden getriebenen Stäben, an denen ich die Stiele anbinde.

Duftwicken werden traditionell an „Zelten" gezogen – kreisförmig angeordneten Stangen, die man am oberen Ende zusammenbindet. Für den Bau eines solchen Zeltes können Sie Bambus-, Hasel- oder Weidenruten verwenden.

Zweige als Stützen

Viele Gärtnerinnen und Gärtner verwenden Bambusstäbe zum Abstützen ihrer Pflanzen, doch es gibt eine inzwischen fast in Vergessenheit geratene Alternative: den Einsatz von Weiden-, Hasel- und Eschenruten. Im Rahmen der Niederwaldbewirtschaftung wurden diese Gehölze früher regelmäßig bis zum Boden zurückgeschnitten, wenn die Triebe eine geeignete Länge erreicht hatten. Bis es so weit war, gingen mehrere Jahre ins Land: ein bis drei Jahre bei der Weide *(Salix)*, sechs bis zehn Jahre beim Hasel *(Corylus)* und 25 bis 30 Jahre bei der Esche (Fraxinus).

Niederwälder sind aus unserer Landschaft inzwischen weitgehend verschwunden. Es lohnt sich kaum noch, sie zu bewirtschaften, obwohl das regelmäßige Schneiden der Ruten ökologisch sinnvoll wäre und eine Wiederaufforstung sich erübrigen würde. Durch das Kappen der Ruten erhält die bodennahe Flora mehr Licht, sodass Zwiebelgewächse und krautige Pflanzen besser gedeihen. Dies wiederum wirkt sich positiv auf den Bestand von Säugetieren, Vögeln und Wirbellosen aus. Wenn die Gehölze wieder ausschlagen, kehrt der Schatten in den Wald zurück, doch zugleich entsteht an anderer Stelle eine Lichtung, und der Zyklus beginnt von Neuem.

Aufgrund der verstärkten Nachfrage nach Brennholz gewinnt die Niederwaldbewirtschaftung in Deutschland inzwischen wieder mehr Bedeutung. Auch die naturnahe Gestaltung von Gärten, etwa mit Weidenzäunen oder Haselspalieren, hat zugenommen. Wenden Sie sich an die kommunale Forstverwaltung, wenn Sie sich dafür interessieren.

Ein Zelt aus Haselruten wirkt viel natürlicher als ein Gestell aus Bambusstäben.

An meinen „Tipis“ ziehe ich die unterschiedlichsten Duftwicken.

Diese sollten etwa 2,50 Meter lang sein und ca. 60 Zentimeter tief in den Boden geschoben werden. Ein Kreisdurchmesser von rund 80 Zentimetern ist ausreichend.

Gießen

Direkt nach dem Auspflanzen ins Beet sind Jungpflanzen am empfindlichsten. Es dauert eine Weile, bis sie neue Wurzeln gebildet haben und angewachsen sind. Damit sie nicht unter Stress geraten, insbesondere bei Hitze, intensiver Sonneneinstrahlung oder Wind, müssen sie gut feucht gehalten werden.

Gießen Sie Ihre Pflanzen lieber weniger und reichlich, anstatt ihnen in kurzen Abständen immer nur ein bisschen Wasser zu geben. Das Wasser kann dann nicht tief genug in den Boden eindringen, und es geht viel Feuchtigkeit durch Verdunstung verloren. Tiefer einsickerndes Wasser hingegen fördert das Wurzelwachstum und damit die Widerstandskraft der Pflanzen. Trockenperioden können ihnen dann weniger anhaben. Wenn Sie nach dem Wässern ein kleines Loch in die Erde graben, können Sie kontrollieren, wie tief das Wasser in den Boden eingedrungen ist.

Die beste Zeit zum Gießen ist der frühe Morgen oder der frühe Abend, wenn die Verdunstungsverluste gering sind. Ich wässere meine Pflanzen morgens, damit der Boden über Nacht nicht feucht bleibt und sich die Schnecken nicht zu einem Festmahl in meinem Beet versammeln. Gießen Sie Ihre Pflanzen nie von oben, sondern immer an der Basis, denn dort wird das Wasser gebraucht. Nasse Blätter dagegen begünstigen die Entstehung von Pilzkrankheiten.

Nährstoffe

- **Stickstoff (N)** fördert das Blattwachstum
- **Phosphor (P)** für gesunde Wurzeln und Triebe
- **Kalium (K)** fördert Blütenbildung, Fruchtansatz und Widerstandsfähigkeit

Beinwelljauche stinkt fürchterlich, wirkt auf blühende Pflanzen aber wie eine Vitaminspritze.

Düngen

Dahlien, Duftwicken und Sonnenblumen legen nach dem Einpflanzen schnell an Größe zu und bringen im Laufe des Sommers eine Menge Blüten hervor. Mit einer wöchentlichen Düngergabe werden sie umso williger blühen.

Beinwell

Beinwell enthält viel Kalium und gilt daher als wertvoller Bodenverbesserer. Er entwickelt lange Pfahlwurzeln, die zur Aufnahme von Nährstoffen und Mineralien tief in den Boden eindringen. Da er außerordentlich schnell wächst, können die Blätter während der Vegetationsperiode mehrfach geerntet werden. Wird die Pflanze zurückgeschnitten, schlägt sie innerhalb weniger Wochen wieder aus. Tragen Sie beim Pflücken der Blätter Handschuhe, denn ihre feinen Härchen können Hautreizungen auslösen.

Beinwellblätter lassen sich auf unterschiedliche Weise als Dünger einsetzen oder zu Dünger verarbeiten. Sie können sie einfach auf den Komposthaufen werfen, sie zum Mulchen verwenden oder beim Einpflanzen Ihrer Blumen in die Pflanzlöcher legen, wo sie schnell verrotten. Auch die Herstellung von Beinwelljauche ist sehr empfehlenswert, allerdings eine Zumutung für empfindliche Nasen, denn die angesetzte Brühe stinkt fürchterlich. Füllen Sie einen Kübel randvoll mit Beinwellblättern, gießen Sie Wasser hinzu, und lassen Sie das Ganze zugedeckt zwei bis vier Wochen gären. Die schleimigen Reste der Blätter können Sie anschließend auf dem Kompost entsorgen, die Flüssigkeit selbst – am besten durch ein altes Sieb – in Plastikflaschen gießen und im Schuppen aufbewahren. Beinwelljauche muss zur Verwendung im Verhältnis eins zu zehn mit Wasser verdünnt werden.

Wenn Sie Beinwell anpflanzen wollen, empfiehlt sich die Sorte *Symphytum × uplandicum* 'Bocking 14'. Sie ist steril und sät sich folglich nicht überall selbst aus wie andere Kultivare. Jungpflanzen sind in ausgewählten Stauden- und Kräutergärtnereien erhältlich (natürlich auch via Internet). Wählen Sie die Stelle für Ihre Beinwellpflanze sorgfältig aus. Ist sie erst einmal angewachsen, lässt sich die lange Pfahlwurzel nur schwer wieder ausgraben.

Wer im Garten keinen Platz für Beinwell hat, kann übers Internet Beinwell-Pellets aus getrockneten und gepressten Beinwellblättern beziehen. Sie sind vielseitig verwendbar: Man kann sie als Düngerzugabe in Pflanzlöcher geben oder großflächig untergraben. Mit Wasser versetzt, ergeben sie einen wertvollen Flüssigdünger, der wesentlich angenehmer riecht als selbst hergestellte Beinwelljauche.

Algen

Algen sind – dank ihrer hohen Nährstoffdichte – die reinsten Vitaminspritzen für Pflanzen. Sie enthalten viel Kalium (das für die Blütenbildung unentbehrlich ist) sowie andere Mineralstoffe und Spurenelemente, die zur Kräftigung junger Pflanzen beitragen und ihre Widerstandskraft erhöhen. Nährstoffhungrige Pflanzen wie Sonnenblumen und Dahlien sind für Algendüngergaben besonders dankbar.

Wenn Sie das Glück haben, an der Küste zu wohnen, können Sie die Algen, die Sie für den Garten benötigen, einfach beim Spazierengehen einsammeln und im Herbst und Winter auf der Erde verteilen oder auf den Kompost werfen. Als Alternative bietet sich das Ausbringen von Algenmehl und/oder flüssigem Algendünger an, die in vielen Biogärtnereien und über den Internet-Versandhandel erhältlich sind. Algenmehl sollte im Herbst und Frühling auf den Beeten verteilt und untergeharkt werden. Algen-Flüssigdünger wird ins Gießwasser gegeben oder direkt auf die Blätter gesprüht, die ihn absorbieren. Er muss auf jeden Fall verdünnt werden. Halten Sie sich an die Anweisungen des Herstellers.

Unkraut jäten

Es wird Ihnen nicht erspart bleiben, in Ihrem Blumenbeet hin und wieder Unkraut zu jäten. Doch trotz ihres schlechten Rufs lässt sich Unkräutern auch etwas Positives abgewinnen. Sie sind ein Indiz für eine hohe Bodenfruchtbarkeit, und manche von ihnen stellen eine exzellente Nahrungsquelle für bestäubende Insekten dar.

Um sich das Unkrautjäten zu erleichtern, sollten Sie die Charakteristika der Gartenunkräuter kennen – das hilft Ihnen, sie unter Kontrolle zu halten. Manche Unkräuter sind allerdings so hübsch, dass ich sie hin und wieder in meine Blumenarrangements integriere.

Es gibt drei Typen von Unkräutern: kurzlebige, einjährige und ausdauernde.

Kurzlebige Unkräuter wie das Behaarte Schaumkraut *(Cardamine hirsuta)* vollenden ihren Lebenszyklus in unglaublich kurzer Zeit, zuweilen in gerade einmal sechs Wochen. Daraus folgt, dass sie sich innerhalb eines Gartenjahres mehrfach versamen. Wenn Sie diese Unkräuter nicht im Auge behalten, werden sie schnell überhandnehmen. Ihr einziger Lebenszweck besteht darin, sich möglichst schnell zu vermehren.

Einjährige Unkräuter wie Vogelmiere *(Stellaria media)* vollenden ihren Lebenszyklus

Decken Sie Ihre Jauchebehälter zu, damit sich keine Rattenschwanzlarven darin einnisten.

Jäten Sie Ihr Beet regelmäßig, aber reißen Sie nicht jedes Wildpflänzchen aus, das Bienen und Schmetterlingen als Nahrungsquelle dienen könnte. So manches Unkraut – wie hier Gänseblümchen oder Löwenzahn – macht in der Vase durchaus eine gute Figur.

innerhalb eines Jahres. Sie sterben im Winter ab, doch ihre Samen überdauern im Boden und keimen beim ersten warmen Sonnenstrahl des Frühlings. Wenn sich die Sämlinge ungestört entwickeln können, wachsen sie kräftiger als kurzlebige Unkräuter. Beide Unkrautarten lassen sich durch regelmäßiges Hacken gut in Schach halten.

Das eigentliche Problem sind die ausdauernden Unkräuter. Manche von ihnen fahren zweigleisig, um sich dauerhaft zu etablieren. Das Paradebeispiel hierfür ist der Löwenzahn *(Taraxacum officinale)*. Er produziert nicht nur Unmengen von Samen, sondern regeneriert sich auch Jahr für Jahr an Ort und Stelle aus seiner langen Pfahlwurzel. Löwenzahnwurzeln lassen sich nur schwer ausstechen. Selbst kleinste im Boden verbleibende Wurzelreste treiben wieder aus und machen Gärtnern das Leben schwer.

Ausdauernde Unkräuter jätet man am besten, wenn sie noch klein sind und ihre Wurzeln sich noch nicht fest im Boden verankert haben. Kaum etwas ist für einen Gärtner oder eine Gärtnerin befriedigender, als eine vollständig intakte Löwenzahnwurzel aus der Erde zu ziehen, und kaum etwas frustrierender, als beim

Ausstechen festzustellen, dass die Wurzelspitze abgerissen ist – wie es leider allzu oft geschieht.

Um Unkräuter effizient zu bekämpfen, genügt es im Allgemeinen, sie im Frühling möglichst vollständig auszureißen und den Boden während der Vegetationsperiode regelmäßig zu harken. Sind die Schnittblumen erst einmal angewachsen, beschatten ihre Blätter die Erde und unterdrücken so die Keimung und Ausbreitung neuer Unkräuter.

Die Entsorgung von Unkräutern

Manche Unkräuter enthalten viele Mineralien und Nährstoffe und eignen sich zur Kompostierung. Einjährige und kurzlebige Unkräuter sollten allerdings nur auf dem Kompost landen, wenn sie noch keine Samen angesetzt haben. Sie können sie auch einfach direkt untergraben – dann aber bitte komplett. Ausdauernde Unkräuter wie Löwenzahn und Gänseblümchen *(Bellis perennis)* sind ebenfalls kompostierbar, solange sie noch keine Samen gebildet haben. Sie sollten aber vollständig abgestorben sein. Werfen Sie diese Pflanzen niemals direkt nach dem Jäten auf den Kompost – sie würden einfach weiterwachsen.

Um Unkräuter sicher abzutöten, können Sie sie mehrere Wochen lang in einem Eimer Wasser einweichen. Die schleimigen Überreste kommen auf den Kompost, das Wasser kann als Flüssigdünger für Gemüsepflanzen verwendet werden. Natürlich können Sie die Unkräuter vor dem Kompostieren auch in der Sonne trocknen und verdorren lassen.

Einige Unkräuter wie Giersch *(Aegopodium podograria)* und Ackerwinde *(Convolvulus arvensis)* wandern besser nicht auf den Komposthaufen, sondern in die Biotonne. Die zu ihrer Abtötung benötigten hohen Temperaturen werden nur in großen Kompostieranlagen erreicht.

Ausputzen

Selbst wenn Sie regelmäßig Blumen schneiden, werden Sie Ihr Beet kaum je vollständig abräumen. Damit Ihre Pflanzen über einen langen Zeitraum immer wieder neue Blüten bilden, müssen Sie die Samenbildung verhindern. Verwelkte Blüten sollten Sie daher regelmäßig entfernen. Kappen Sie den Stängel oberhalb einer Blattachsel, damit sich neue Seitentriebe bilden.

Das Entfernen verwelkter oder welkender Blüten regt Pflanzen zur erneuten Blütenbildung an.

Schädlinge

Blattläuse, Schnecken und Ohrkneifer mögen für Gärtner eine Plage sein, doch auch sie sind Teil der Natur und eine wichtige Nahrungsquelle für andere Tiere. Die vollständige Ausrottung von Schädlingen wirkt sich negativ auf jedes Ökosystem aus, und sei es nur der Haus- oder Schrebergarten. So scheint der dramatische Rückgang an Feldvögeln in den letzten dreißig Jahren u.a. auf den massenhaften Einsatz von Pestiziden in der Landwirtschaft zurückzuführen zu sein. Ohne Insekten gibt es auch keine Vögel. Natürlich plädiere ich nicht dafür, es Schädlingen im Garten besonders gemütlich zu machen, doch Kompromisse sind möglich.

Wer die Lebenszyklen, Nahrungsquellen und Verhaltensweisen von Schädlingen kennt, kann sie besser kontrollieren und schon frühzeitig dafür sorgen, dass Probleme gar nicht erst entstehen. Beim Gießen und Blumenpflücken sollten Sie immer auch darauf achten, was in Ihrem Beet so alles kreucht und fleucht.

Zum Glück gibt es in einem Schnittblumenbeet kaum Probleme mit Schädlingen, doch die folgenden findet man fast in jedem Garten.

Blattläuse

Blattläuse hemmen das Wachstum von Pflanzen, weil sie sich von ihrem Saft ernähren, was zur Deformation von Knospen und Trieben führt. Die kleinen Insekten sondern außerdem Honigtau ab – eine klebrige Substanz, auf der sich Rußtaupilze ansiedeln. Diese ernähren sich von den zuckrigen Ausscheidungen der Blattläuse und sind der Grund für die hässlichen schwarzen Flecken, die sich auf den Blättern befallener Pflanzen bilden. Zudem übertragen Blattläuse beim Saugen des Pflanzensafts Viren. Für Bäume, Hecken und Stauden ist das Problem aber gravierender als für Einjährige.

Biologische Schädlingsbekämpfung

Wenn die Schädlinge überhandnehmen, bleibt nur noch der Griff zu einem der für den biologischen Gartenbau zugelassenen Seifensprays. Die darin enthaltenen Fettsäuren zerstören die Zellstruktur weichhäutiger Insekten (z.B. von Blattläusen). Die Spritzbrühe wird mit dem Zerstäuber direkt auf die Schädlinge ausgebracht, um Nützlinge und bestäubende Insekten zu schonen. Am besten sprüht man am frühen Abend und bei ruhigem Wetter, damit der Wind das Spritzmittel nicht davonträgt. Nach dem Abtrocknen verliert es seine Wirksamkeit.

Das eigentliche Problem bei Blattläusen ist die Geschwindigkeit, mit der sie sich vermehren. Den überwiegenden Teil des Jahres pflanzen sie sich durch Parthenogenese („Jungfernzeugung") fort. Deshalb wachsen Blattlauskolonien so schnell. Erst gegen Ende des Sommers entstehen Geschlechtstiere, deren Weibchen Eier legen. Die Eier überwintern, und im Frühling schlüpfen die Nymphen.

So faszinierend die Biologie der Blattläuse sein mag – stößt man im Garten auf eine klebrige, dahinsiechende Pflanze, kann man sich nur schwer für diese Insekten erwärmen. Kontrollieren Sie regelmäßig, ob ihre Jungpflanzen von Blattläusen befallen sind, und inspizieren Sie dabei vor allem die Triebspitzen und die Blattunterseiten. Der einfachste Weg, diese Schädlinge zu beseitigen: Zerquetschen Sie sie zwischen den Fingern. Wenn Sie auf den Einsatz von Pestiziden verzichten, werden sich in

Ihrem Garten nützliche Insekten wie z.B. Marienkäfer ansiedeln. Diese (und ihre Larven) fressen auch Blattläuse. Bei starkem Befall können Sie die Pflanzen mit Wasser abspritzen oder mit einem fettsäurehaltigen Spray behandeln (siehe Kasten links).

Ohrwürmer

Ohrwürmer verdanken ihren Namen dem Gerücht, dass sie Menschen ins Ohr kriechen. Sie spielen eine wichtige Rolle für die Zersetzung von Pflanzenabfällen und anderem organischem Material, ernähren sich nebenbei aber auch von Blumen, was sie zu weniger gern gesehenen Gästen im Garten macht. Dahlien mögen sie ganz besonders. Wenn Ihre Blumen struppig und zerfetzt aussehen, haben Sie ein Ohrwurmproblem.

Ohrwürmer sind normalerweise nachtaktiv, und dies können Sie ausnutzen. Stopfen Sie ein paar Blumentöpfe mit Stroh aus, und befestigen Sie diese Behausungen kopfüber auf stabilen Pfosten. Dort finden die Ohrwürmer tagsüber Unterschlupf, sodass Sie sie gegebenenfalls problemlos entfernen können.

Rapsglanzkäfer

Diese winzigen, glänzend schwarzen Käfer werden hauptsächlich im Spätfrühjahr und im Sommer zum Problem. Sie ernähren sich von (Raps-)Pollen und machen sich zuweilen an Blütenknospen zu schaffen, richten aber nur selten schweren Schaden an. Wichtig ist, dass man sie nicht mit den Schnittblumen ins Haus bringt. Wenn es in Ihrer Nähe Rapsfelder gibt, lohnt es sich unter Umständen, das Blumenbeet mit einem feinmaschigen Netz oder Vlies vor einem Befall durch die Käfer zu schützen. Ansonsten können Sie Ihre Schnittblumen nach dem Pflücken für etwa eine Stunde an einen dunklen Ort (etwa in einen Schuppen) stellen und die Tür einen Spalt offen lassen. Die Käfer werden vom Licht angezogen und fliegen davon.

Marienkäfer sind im Garten gern gesehene Gäste. Sie und andere Nützlinge helfen Ihnen bei der Schädlingskontrolle.

Schnecken

Schnecken sind zweifellos die größte aller Gartenplagen, auch wenn sie eine wichtige Rolle für die biologische Vielfalt und die Beseitigung von Pflanzenabfällen spielen. Doch wenn Sie eines Morgens entdecken, dass Ihre frisch gekeimten Sämlinge oder die erste, lang ersehnte Duftwicke über Nacht verschwunden sind, werden Sie die Übeltäter kaum ins Herz schließen. Bliebe es bei dem Verzehr von Pflanzenabfällen, könnten Gärtner und Schnecken in Frieden nebeneinander leben. Stattdessen liegen sie ständig miteinander im Clinch.

Diskussionen unter Gärtnern drehen sich am häufigsten um die Frage, wie sich Schnecken ohne Zuhilfenahme von Chemikalien unter Kontrolle halten lassen. Es gibt zahlreiche Möglichkeiten – keine von ihnen ist hundertprozentig

Gefräßige Nacktschnecken kann man ohne Chemie bekämpfen, doch Weinbergschnecken stehen unter Naturschutz.

erfolgversprechend. Am besten ergreift man gleich mehrere aufeinander abgestimmte Maßnahmen und widmet sich der Schneckenfrage schon zu Beginn des Gartenjahrs.

Schneckenringe

Schneckenringe sind ein probates Mittel zum Schutz einzelner Pflanzen. Im Handel gibt es Kupfer- und Plastikringe, Sie können aber auch durchgeschnittene Plastikflaschen benutzen. Wenn Schnecken mit Kupfer in Berührung kommen, erleiden sie einen leichten elektrischen Schlag und suchen das Weite. Doch Kupferringe sind ein teures Vergnügen und von daher nicht jedermanns Sache. Mit Plastikflaschen habe ich gute Erfolge erzielt, vor allem bei Sonnenblumen. Das obere Ende sollte möglichst grob und unregelmäßig zugeschnitten werden – falls eine Schnecke es einmal bis dahin schafft. Achten Sie darauf, dass Blätter oder Triebe, die nach außen überhängen, an keiner Stelle den Boden berühren, sonst ist jede Liebesmüh umsonst.

Anstelle von Schneckenringen können Sie auch zerstoßene Eierschalen, Kleie, Holzasche oder Splitt um die Pflanzen verteilen. Sie erschweren den Schnecken das Kriechen. Für ein ganzes Beet brauchen Sie allerdings recht viel Material, und da es sich mit der Zeit zersetzt, muss es regelmäßig erneuert werden.

Der vielleicht beste Schutz für Ihre Schnittblumen ist relativ spätes Auspflanzen, sodass Ihre Schützlinge robust genug sind, um hungrigen Schnecken standzuhalten. Empfindliche Keimlinge hingegen sind ideales Schneckenfutter.

Ein völlig schneckenfreier Garten ist illusorisch, aber mit den hier beschriebenen Methoden können Sie zumindest Ihre empfindlichen Pflanzen einigermaßen schützen.

Nematoden

Nematoden sind mikroskopisch kleine Fadenwürmer, die in ruhendem Stadium in einem Pulver geliefert, mit Wasser angesetzt und mit der Gießkanne im Garten ausgebracht werden. Schnecken sind ihre bevorzugten Wirtstiere. Die Nematoden bohren sich in sie hinein und infizieren sie mit tödlichen Darmbakterien. Die Ausbringung erfolgt im Frühling, wenn der Boden sich erwärmt hat, und muss nach sechs bis acht Wochen wiederholt werden. Schon die Behandlung kleinerer Flächen kann also ziemlich teuer werden, lohnt sich aber unter Umständen bei starkem Schneckenbefall.

Schneckenkorn

Es gibt herkömmliches und „biologisches" Schneckenkorn. Herkömmliches Schneckenkorn enthält umweltschädliches Metaldehyd oder Methiocarb, „biologisches" hingegen für

Haus- und Wildtiere unschädliches Eisen-III-Phosphat. Es verdirbt den Schnecken buchstäblich den Appetit und führt dazu, dass sie verhungern. Um den Boden nicht mit Eisen und Phosphat anzureichern, sollten Sie es nur sparsam verwenden.

Eine möglichst frühe Ausbringung ist besonders erfolgversprechend. Die meisten Leute streuen Schneckenkorn, wenn sie an ihren Pflanzen die ersten Fraßschäden entdecken. Doch wenn Sie das Korn zu Frühjahrsbeginn ausbringen, wird bereits die erste Schneckengeneration dezimiert. Und Sie müssen es auch nicht in rauen Mengen im Garten verteilen. Ein sparsamer Einsatz ist viel effektiver.

Obwohl ich ausschließlich „biologisches" Schneckenkorn verwende, setze ich es nur zu Beginn des Gartenjahres ein, wenn meine Pflanzen am verwundbarsten sind. Spätere Anwendungen sind meist überflüssig.

Amseln und Drosseln unterstützen Sie im Kampf gegen Schnecken.

Tierische Helfer

Wenn Sie in Ihrem Garten oder Blumenbeet auf den Einsatz chemischer Keulen verzichten, siedeln sich viele Tiere darin an, die Ihnen bei der Kontrolle von Schädlingen assistieren. Als ich meinen Schrebergarten übernommen habe, war er aus mir unerfindlichen Gründen praktisch frei von Schnecken. Ich war davon ausgegangen, dass Schnecken nun einmal zum Gärtnern dazugehören. Doch dann erspähte ich eine Singdrossel, die in den Blumenbeeten herumhüpfte und eine Schnecke nach der anderen vertilgte. Wenn wir mit der Natur arbeiten, arbeitet sie für uns.

Patrouillen mit der Taschenlampe

Schnecken sind nachtaktiv und lassen sich am einfachsten und effektivsten in der Dämmerung aufstöbern und einsammeln. Sie brauchen dazu nur eine Taschenlampe und einen Eimer. Viele Gärtner ertränken Schnecken in Salzwasser – eine Methode mit hohem Ekelfaktor. Überlegen Sie sich vorher, wo Sie die schleimigen Kadaver entsorgen möchten. Ich schneide die Schnecken lieber an Ort und Stelle mit der Schere durch. Das ist zugegebenermaßen auch nicht schön, und eine Weile lang hatte ich dabei ein schlechtes Gewissen. Doch zumindest sterben die Tiere schnell und müssen nicht qualvoll verenden.

Damit Kreuzblütler wie Goldlack im Garten nicht von Kohlhernie-Erregern befallen werden, ziehen Sie die Pflanzen am besten in Töpfen vor.

Krankheiten

Einjährige Schnittblumen werden zum Glück nur selten von Krankheiten befallen, doch auch diesen gilt es – nach Möglichkeit „biologisch" – vorzubeugen. Folgende Infektionen treten am häufigsten auf.

Echter Mehltau

Pflanzen, die von echtem Mehltau befallen sind, sehen aus, als seien sie mit Weißmehl überpudert. Meine Duftwicken erwischt es jedes Jahr im Spätsommer. Gegen Ende der Gartensaison haben viele Gewächse nicht mehr die Kraft, sich gegen diese Pilzerkrankung zu wehren, doch auch Wassermangel kann den Befall begünstigen.

Wässern Sie Ihre Pflanzen regelmäßig an der Basis, ohne die Blätter zu benetzen. So lässt sich die Entstehung von Pilzkrankheiten zwar nicht verhindern, aber man leistet ihnen zumindest keinen Vorschub. Anschließendes Mulchen sorgt dafür, dass der Wurzelbereich feucht bleibt. Entfernen Sie alle Blätter, die Zeichen einer Pilzinfektion zeigen, und stärken Sie Ihre Pflanzen mit flüssigem Algendünger.

Rost

Auch Rostkrankheiten werden durch Pilze verursacht. Man erkennt sie an den braun-orangefarbenen Flecken auf der Blattunterseite. Die Blätter vertrocknen, die Pflanzen wachsen nicht richtig und wirken kränklich. Löwenmäulchen sind besonders anfällig für Rostkrankheiten, und hat sich der Rost erst einmal ausgebreitet, kann man sie nur noch ausreißen.

Die Entstehung von Rostkrankheiten wird durch feuchtes Wetter begünstigt. Wählen Sie rostresistente Sorten, und setzen Sie die Pflanzen nicht zu dicht, damit die Luft ungehindert zwischen ihnen zirkulieren kann. Empfindliche Gewächse profitieren von einem Regenschutz, aber sorgen Sie für gute Belüftung, damit die Luftfeuchtigkeit nicht weiter ansteigt.

Kohlhernie

Kohlhernie wird von einem im Boden lebenden Schleimpilz verursacht und befällt Gewächse aus der Familie der Kreuzblütler, also vor allem Kohl, aber auch Zierpflanzen wie Goldlack, Levkojen, Silberblatt und Nachtviole. Eine Infektion führt zur knolligen Verdickung der Wurzeln und in der Folge zu oberirdischem Kümmerwuchs.

Am besten ziehen Sie Kreuzblütler in Töpfen vor und pflanzen sie erst aus, wenn sie kräftige, gesunde Wurzeln ausgebildet haben. Auch durch Kalken des Bodens lässt sich die Infektionsgefahr eindämmen. Liegt der pH-Wert Ihres Bodens unter 7,0, ist die Ausbringung von Gartenkalk sehr zu empfehlen. Die erforderliche Konzentration bemisst sich nach dem exakten pH-Wert und Ihrem Bodentyp. Halten Sie sich an die Anweisungen des Herstellers, oder lassen Sie sich beraten.

Fruchtwechsel

Jahr um Jahr die gleichen Pflanzen an dieselbe Stelle zu setzen, begünstigt die Ausbreitung von Schädlingen und Krankheiten. Im Gemüsegarten ist ein regelmäßiger Fruchtwechsel deshalb die Regel – auch wenn manche Erreger praktisch unverwüstlich sind (die Kohlhernie-Erreger überdauern z.B. bis zu zwanzig Jahre im Boden).

Ein Fruchtwechsel in kleinem Maßstab ist nicht ganz einfach zu bewerkstelligen, bedeutet aber nicht, dass Sie jedes Jahr Ihr gesamtes Blumenbeet umziehen müssen. Erstellen Sie einfach einen Pflanzplan, und setzen Sie Kreuzblütler jedes Jahr an eine andere Stelle. Für die restlichen Blumen empfiehlt sich alle drei bis vier Jahre ein Standortwechsel.

Blumen schneiden

Die Ernte einbringen

Wenn sich die ersten Knospen in Ihrem Blumenbeet zu öffnen beginnen, können Sie endlich den Lohn all Ihrer Mühen ernten. Sie haben viel Arbeit in die Aufzucht Ihrer Blumen gesteckt und freuen sich an jeder einzelnen Blüte. Gehen Sie beim Ernten behutsam vor – zum einen, um die Pflanzen gleich zu neuer Blütenbildung anzuregen, zum anderen, um die Haltbarkeit Ihrer Schnittblumen zu verlängern.

Die Blüte verlängern

Achten Sie beim Schneiden darauf, dass die Blütenstiele lang genug sind. Die Blumen sollten sich später bequem zu Sträußen verarbeiten und in der Vase arrangieren lassen. Lassen Sie jedoch unbedingt genügend vom Haupttrieb übrig. Damit sich die Pflanzen weiter verzweigen und neue Blüten treiben können, brauchen sie eine stabile Basis.

Die ideale Schnittstelle liegt immer oberhalb einer Blattachsel, denn dort knospen neue Seitentriebe und Blüten. Wenn Sie eine Blüte einfach irgendwo abschneiden, wird der verbleibende Stielrest ohnehin bis zur nächsten Blattachsel absterben und schon bald unansehnlich werden. Die einzige Ausnahme von dieser Regel sind Inkalilien. Bei dieser Gattung müssen Sie den Blütenstiel mit den Fingern an der Basis der Pflanze herausdrehen, so ähnlich, wie man es bei Rhabarber macht. Schneidet man Inkalilien, treibt die Pflanze keine weiteren Blüten.

Das richtige Werkzeug

Eine Rosen- oder Blumenschere ist zum Schneiden von Blumen unerlässlich. Rosenscheren sind besonders vielseitig und durchtrennen

LINKS Durch das Entfernen verwelkter Blüten verlängern Sie die Blütezeit.

RECHTS Zum Binden eignen sich Schnüre und Bänder aus Naturfasern wie Jute oder Raffiabast.

Stellen Sie
frisch geerntete
Schnittblumen
sofort in einen
Eimer Wasser.

auch verholzte Stiele problemlos. Letztlich ist es eine Frage der persönlichen Vorliebe, für welche Art von Schere man sich entscheidet. Ich besitze eine Blumenschere, die dünnen Zwirn genauso zuverlässig schneidet wie dickere Stiele und die mich vollauf zufriedenstellt.

Scheren sollten stets scharf sein und sauber gehalten werden. Klebriger Pflanzensaft, der gerne auf Rosen- oder Blumenscheren haften bleibt, lässt sich mit Stahlwolle und einem Spritzer alkoholhaltigem Desinfektionsspray entfernen. Schärfen Sie die Scherblätter regelmäßig mit Wetzstahl, damit Triebe beim Schneiden sauber durchtrennt und nicht in Fetzen gerissen werden. Mit glatten Schnittkanten nehmen Blumen besser Wasser auf.

Stellen Sie Ihre Blumen nach dem Schneiden sofort ins Wasser. Halten Sie dafür ein, zwei Gefäße bereit. Ich verwende am liebsten alte Emailleeimer, die ich wegen der schönen Holzgriffe für wenig Geld auf dem Flohmarkt gekauft habe. Außerdem besitze ich ein paar hohe Floristenvasen aus Zink, die sich zur Zwischenlagerung kleinerer Blumen wie Duftwicken eignen.

Konditionieren

Unter „Konditionieren" verstehen Floristen sämtliche Maßnahmen, die dazu dienen, Blumen für das Arrangement in der Vase vorzubereiten und ihre Haltbarkeit zu erhöhen. Oft kommt dabei allerhand Chemie zum Einsatz – vor allem bei Importblumen, die nicht selten rund um den Globus reisen, ehe sie im Supermarkt oder Blumengeschäft zum Verkauf angeboten werden.

Der Vorteil eines eigenen Schnittblumenbeets liegt also auf der Hand: Frischer sind Blumen nirgendwo erhältlich. Es bedarf weder einer Hormonbehandlung noch einer Kühlhalle, um das vollständige bzw. vorzeitige Aufblühen der Knospen zu verhindern. Sie können Ihre Blumen einfach schneiden, wie und wann Sie wollen.

Dennoch gibt es ein paar Tricks zur Verlängerung der Haltbarkeit. Eine Blüte gerät nach dem Schneiden sofort unter Stress. Schnell beginnt sie zu welken, und wenn sie nicht richtig versorgt wird, stirbt sie ab.

Pflanzen verdunsten im Laufe des Tages über die Blätter eine Menge Wasser. Bei Hitze, starker Sonneneinstrahlung und Wind ist der Wasserverlust besonders hoch, am frühen Morgen und am Abend ist er am geringsten. Folglich schneidet man Blumen am besten zu diesen Tageszeiten, um die Blüten möglichst wenig unter Stress zu setzen. Da viele Menschen beruflich sehr eingespannt sind, ist das leider nicht immer möglich. Außerdem sollte man sich ab und zu ins Gedächtnis rufen, dass das Kultivieren eigener Blumen Spaß machen und nicht in Fronarbeit ausarten soll. Ich pflücke meine Blumen – außer im Sommer – häufig zur Mittagszeit, weil ich es mir da einfach am besten einrichten kann. Sie wandern auf der Stelle in einen Eimer mit Wasser, der an der schattigsten Stelle meines Schrebergartens steht. Trotzdem: Wenn Sie es vermeiden können, schneiden Sie Ihre Blumen nicht gerade in der Mittagshitze.

Die Blumen für die Vase vorbereiten

Wenn Sie möchten, können Sie Ihre Blumen sofort in der Vase arrangieren. Besser ist es jedoch, sie ein paar Stunden oder gar über Nacht kühl und dunkel zu stellen – vielleicht in die Garage oder in einen Schuppen. Sie sollten dabei „bis zum Hals" in Wasser stehen.

Platzieren Sie Schnittblumen weder vor noch nach dem Arrangieren in der Nähe von Obst

Schneiden Sie verholzte Triebe schräg an (1), und spalten Sie die Basis dann mit einem vertikalen Schnitt (2). So halten Ihre Blumen in der Vase länger.

und Gemüse. Warum? Weil Obst und Gemüse das Reifegas Ethylen freisetzen, das Blumen schneller welken lässt. Manche Arten sind in dieser Hinsicht empfindlicher als andere und halten deutlich länger, wenn sie weit entfernt vom Obstkorb stehen.

Ehe Sie Ihre Blumen in die Vase stellen, müssen Sie alle Blätter entfernen, die später im Wasser stehen würden, und dann die Stiele auf die gewünschte Länge kürzen. Häufig hört man, man solle die Stiele schräg anschneiden, damit sie mehr Wasser aufnehmen können. Experten für Zierpflanzenbau widersprechen dem, weil sich ja an der Zahl der angeschnittenen Leitungsgefäße dadurch nichts ändert. Wichtiger sei es, mit einem scharfen Messer zu arbeiten und die Blumen schnell ins Wasser zu stellen, damit keine Luft in die angeschnittenen Gefäße eindringen könne.

Früher riet man außerdem dazu, ziemlich dicke, verholzte Stiele, etwa von Rosen oder Flieder, an der Basis platt zu klopfen. Glauben Sie mir – das nützt überhaupt nichts. Die Beschädigung des Stängels erschwert vielmehr die Wasseraufnahme, und die in der Vase treibenden Pflanzenteilchen sind nichts weiter als Futter für Bakterien. Viel besser ist es, den Stiel im flachen Winkel anzuschneiden und dann etwa 2,5 Zentimeter tief in der Mitte zu spalten.

Am besten stellen Sie die Blumen in lauwarmes Wasser, denn dieses wird am leichtesten aufgenommen. Wenn Sie Ihre Blumen direkt nach dem Pflücken arrangiert haben, sehen Sie ab und zu nach, ob Sie Wasser nachfüllen müssen, denn in den ersten Stunden nach dem Schneiden sind sie besonders durstig.

Besondere Vorbereitungsmaßnahmen sind nur für wenige Blumen erforderlich.

Narzissen

Frisch geschnittene Narzissen sondern einen giftigen Pflanzensaft ab. Werden sie direkt in die Vase gestellt, verstopft der Saft die Stängelbasis und blockiert die Wasseraufnahme. Begleitblumen gehen unter Umständen ein. Bei Menschen kann der Saft schwere Hautreizungen und bei Verschlucken Übelkeit und Erbrechen hervorrufen.

Am besten stellen Sie Narzissen vor dem Arrangieren fünf bis zehn Minuten in einen Eimer Wasser. Anschließend gießen Sie das Wasser weg und füllen frisches nach. Wiederholen Sie diese Prozedur, bis kein Saft mehr aus den Stängeln austritt. Dann können Sie die Blumen in die Vase stellen.

Ein Bund Narzissen ist schön anzusehen. Noch interessanter wird er durch die Zugabe von etwas frischem Grün.

Tulpen

Tulpen wachsen in der Vase weiter. Ihre Stängel krümmen sich, und die Köpfe neigen sich nach außen. Sie bleiben länger gerade, wenn man sie vor dem Arrangieren für ein paar Stunden in Zeitungspapier wickelt. Verschnüren Sie das Bündel fest mit Gummibändern oder einer Schnur, und stellen Sie es in einen Eimer Wasser. Man kann die Stängel auch unterhalb der Blüte mit einer Nadel durchbohren, um das Wachstum zu stoppen. Ich schneide meine Tulpen aber lieber einfach alle paar Tage neu an. Außerdem gefällt es mir, wenn sie nach und nach immer bizarrere Formen annehmen wie auf den Gemälden alter niederländischer Meister.

Tulpenstängel bleiben gerade, wenn sie vor dem Arrangieren in Zeitungspapier eingewickelt, verschnürt und ein paar Stunden gewässert werden.

Heißes Wasser

Mit kochendem Wasser lässt sich das vorzeitige Welken von Mohn, Rosen, Euphorbien und Dahlien verhindern. Entfernen Sie nach dem Schneiden alle überflüssigen Blätter, und tauchen Sie die Stielenden etwa 20 Sekunden lang ein paar Zentimeter tief in kochendes Wasser. Die Blüten müssen vor dem heißen Wasserdampf geschützt werden. Anschließend können Sie die Blumen arrangieren.

Manche Blumen halten länger, wenn man ihre Stielenden kurz in kochendes Wasser taucht.

Wohin mit der Vase?

Die Platzierung der Vase kann die Haltbarkeit von Schnittblumen entscheidend beeinflussen. An einem schattigen, kühlen Platz fühlen sie sich am wohlsten und halten am längsten. Wenn Sie die Schnittblumen hingegen im Hochsommer in die pralle Sonne stellen, werden sie schnell verwelken.

Frischhaltemittel

Wenn Sie Schnittblumen im Laden kaufen, erhalten Sie zusätzlich meist ein kleines Tütchen Frischhaltemittel. Es besteht aus Zucker und Bakteriziden, die die Vermehrung von Bakterien hemmen, und soll dafür sorgen, dass die Blumen möglichst lange halten. Mit etwas Zucker und einem Schuss Essig erreichen Sie den gleichen Effekt. Ich persönlich nehme weder das eine noch das andere, denn manche Blumen mögen keine Zusätze im Wasser.

Das Vasenwasser alle paar Tage auszutauschen ist meines Erachtens die beste Frischhaltemethode. Schneiden Sie die Stiele erneut an, um die Wasseraufnahme zu verbessern.

Bühne frei!

Wirkt wie frisch von der Wiese: ein paar Blumen und Gräser aus meinem Beet, kombiniert mit anderen Gräsern und Beikräutern, die am Rand meines Schrebergartens wachsen.

Effektvolle Arrangements

Schnittblumen effektvoll zu präsentieren ist weder schwierig noch zeitaufwendig.

Ende des 16. Jahrhunderts schrieb John Gerard in seiner *Herball or Generall Historie of Plantes* als Erster über die Verwendung von Blumen als „Schmuck für das Haus". Im Laufe der Zeit wandelte sich der Geschmack – und mit ihm der Stil floraler Arrangements. Treibende Kraft war stets der Teil der Bevölkerung, der genügend Geld, Land und Personal besaß, um Schnittblumen in größerer Menge zu ziehen. Eine Weile waren extravagante Gebinde in riesigen Vasen en vogue, bis der Zeitgeschmack – ähnlich wie in der Mode und der Innenarchitektur – wieder nach Schlichterem verlangte.

Die floralen Vorlieben einer Ära spiegeln sich häufig auch in der Kunst und im Kunsthandwerk wider. Die Vielzahl großformatiger Stillleben, auf denen kunstvoll in Vasen arrangierte Blumen zu sehen sind, belegt, welche Bedeutung der Blumenschmuck hatte. Auf den Landgütern der Reichen gab es in den Außengebäuden oft eigene Räume, in denen die Blumen entsprechend vorbereitet wurden, bevor man sie ins Haus brachte.

Doch nicht nur die Oberschicht begeisterte sich für Schnittblumen als Zimmerschmuck: Im 19. Jahrhundert kamen Gartenbücher und -zeitschriften auf den Markt, die auf die wachsende Mittelschicht in den Vorortvillen zielten. Da es noch keine Blumengeschäfte gab, musste man die gewünschten Blumen entweder selbst ziehen oder bei Züchtern oder Markthändlern kaufen. Tatsächlich bedeutete die Bezeichnung „Florist" damals etwas vollkommen anderes als heute. Im 18. und 19. Jahrhundert war ein „Florist" ein Botaniker, der sich mit der Pflanzenwelt einer bestimmten Region beschäftigte, oder ein Amateur, der sich der Züchtung einer bestimmten Pflanze rein wegen ihrer dekorativen Wirkung verschrieben hatte.

„Floristik" im letzteren Sinne war besonders beliebt bei Heimarbeitern: So waren etwa die Weber in Lancashire leidenschaftliche Aurikel-Züchter. Die Wakefield Tulip Society spezialisierte sich auf die Züchtung von Tulpen mit gefransten und gestreiften Blütenblättern. Aus solchen Blumenzüchtervereinen gingen später Gartenbauvereinigungen hervor, beispielsweise die Royal Horticultural Society, die auf ihren Ausstellungen auch Obst- und Gemüsezüchtungen präsentierten. Gegen Ende des 19. Jahrhunderts firmierten die ersten Händler, die sich auf den Verkauf von Schnittblumen spezialisiert hatten, unter der Bezeichnung „Florist" oder „Blumenbinder".

Die Vorstellung, dass es beim Arrangieren von Blumen unzählige Regeln zu beachten und Techniken zu erlernen gelte, kann auf Amateure ziemlich abschreckend wirken. Ich z.B. wollte mich einmal für einen Kurs zum Thema „Blumen arrangieren" anmelden, den das örtliche College anbot – bis ich zufällig am Unterrichtsraum vorbeilief und sah, wie die Dozentin makellose, ein wenig künstlich wirkende Blumen in seltsame Formen zwang. Ich habe auf den Kurs verzichtet.

Natürlich ist einige Kunstfertigkeit gefragt, wenn es um elegante Bouquets oder ausgefallene Präsentationen für Ausstellungen wie die berühmte Chelsea Flower Show in London geht. Doch die meisten von uns wünschen sich schlichtere Arrangements für das eigene Zuhause und haben auch gar nicht die Zeit für aufwendige Kreationen. Und nicht selten sind die einfachen, gradlinigen Lösungen zugleich die schönsten. Ein einzelner Kirschblütenzweig oder ein Primelsträußchen können bezaubernd wirken und sind schnell arrangiert.

Oft ist nicht mehr zu tun, als die Blütenstängel auf die zur Vase passende Länge zu kürzen. Aber vielleicht geben Ihnen auch die Beispiele ab S. 156 ein paar Anregungen für Ihre eigenen Arrangements, wenn Sie verschiedene Blumen kombinieren möchten oder Blumenschmuck für einen besonderen Anlass benötigen.

LINKS Die Primel ist eine der besten Schnittblumen im zeitigen Frühjahr.

MITTE Pastelltöne machen sich in sommerlichen Sträußen besonders gut.

RECHTS Vasen sammeln kann süchtig machen, muss aber nicht ins Geld gehen, wenn man auf Flohmärkten und in Secondhandläden die Augen aufhält.

Die Wahl der Vase

Um Blumen gekonnt zur Geltung zur bringen, ist die Wahl der passenden Vase besonders wichtig. Deshalb lohnt es, sich ein Sortiment geeigneter Gefäße zuzulegen, die auch gar nicht teuer sein müssen.

Lassen Sie Ihrer Fantasie ruhig freien Lauf: Hohe, schlichte Glasvasen sind zwar immer praktisch und vermutlich auch in Ihrem Haushalt vorhanden, doch es gibt erstaunlich viele Gefäße, die als Vasen infrage kommen und Arrangements eine persönliche und originelle Note verleihen können.

Die einzige wirklich unerlässliche Anforderung an eine Vase ist, dass sie wasserdicht ist. Eher ungünstig sind sehr große Gefäße und solche mit sehr weitem Hals. Um sie zu füllen, benötigt man nicht nur viel Material, die weite Öffnung bietet Blütenstängeln und Beiwerk außerdem wenig Halt, was das Arrangieren erschwert.

Ich persönlich liebe Krüge. Am besten besorgen Sie sich gleich mehrere in verschiedenen Farben, Größen und Stilen. Krüge sind deshalb so genial, weil sie sich nach oben hin verengen und den Stängeln genügend Halt geben.

Überlegen Sie vor dem Kauf einer Vase, ob Farbe und Muster wirklich geeignet sind. Schließlich sollen Ihre Blumen die Stars der Show sein und nicht mit einem kunterbunten

Wertvolle Tipps

- Achten Sie auf die Proportionen von Blumen und Vase. Ihr Arrangement sollte die doppelte Vasenhöhe möglichst nicht überschreiten. Sind Blumen und Blattwerk zu groß, wird Ihr Strauß kopflastig wirken, sind sie zu klein, sieht das Ganze leicht plump aus.
- Wenn Sie Blattwerk und anderes „Füllmaterial" verwenden, sollten Sie dieses zuerst in der Vase arrangieren, um eine Art Gerüst zu schaffen, das Sie dann mit Blumen auffüllen.
- Verwenden Sie die einzelnen Sorten möglichst in ungerader Zahl, z.B. drei oder fünf Blütenstiele – das ist angenehmer fürs Auge und lässt das Arrangement ausgewogen erscheinen.
- Wiesenblumen- und Bauerngarten-Arrangements wirken besonders schön, wenn man die Blumen ähnlich anordnet, wie sie im Garten wachsen, also immer ein paar derselben Art zusammenstellt, statt sie gleichmäßig im Strauß zu verteilen.
- Kürzen Sie Blütenstiele und Beiwerk auf verschiedene Längen, und ordnen Sie die kürzesten Blumen und Zweige dann am Rand der Vase und die höchsten im Zentrum an, mit entsprechenden Abstufungen dazwischen. Damit ahmen Sie zum einen die natürlichen Wuchsformen nach, und zum anderen kann man so wirklich jede Blüte sehen und gebührend bewundern.
- Überlegen Sie, wo Ihr Strauß stehen soll. Wenn Sie die Vase beispielsweise vor einer Wand platzieren, sind von Ihrem Arrangement nur die Vorderseite und die Seiten sichtbar. Das hat Konsequenzen für die Anordnung der Blumen: Im hinteren Teil können Sie auf prachtvolle Blüten verzichten, dafür brauchen Sie dort mehr Höhe. Soll Ihr Strauß hingegen als Tischschmuck dienen, ist er von allen Seiten zu sehen, was eine gleichmäßige Anordnung mit den längsten Blumen in der Vasenmitte nahelegt. So hat jeder Gast die Chance, sich an Ihren Gartenschönheiten zu erfreuen.
- Der Standort hat auch Einfluss auf Größe und Höhe des Arrangements. Auch wenn es reizvoll erscheinen mag, den Esstisch mit einem großen und spektakulären Strauß zu schmücken, prophezeie ich Ihnen, dass Ihre Gäste vor allem damit beschäftigt sein werden, „Kuckuck!" zu spielen, bis alle es leid sind und die Sichtbehinderung vom Tisch genommen wird. Auch auf dem Nachttisch sind große, dominierende Sträuße fehl am Platz und überdies in Gefahr, umgestoßen zu werden. Hier ist ein kleines Sträußchen duftender Blüten die bessere Wahl.

Vasen mit dem gewissen Etwas findet man bei regionalen Kunsthandwerkern. Diese handgefertigte Porzellanvase z.B. stammt aus der Werkstatt von Tara Davidson in Gloucestershire.

oder wild gemusterten Gefäß konkurrieren müssen. Manche Vasenfarben, etwa Rot, können heikel sein, wenn Ihre Schnittblumen überwiegend in Pastelltönen blühen. Darauf sollten Sie bei der Vasenwahl achten.

Für kurzstielige Blumen wie Schneeglöckchen, Primeln und Traubenhyazinthen benötigt man sehr kleine Gefäße, z.B. hübsche alte Medizinfläschchen aus blauem oder grünem Glas.

Stöbern Sie also in Secondhand- und Antiquitätenläden und bummeln Sie über Flohmärkte. Altes Porzellan, Zinnkrüge, ja sogar Teekannen lassen sich wunderbar als Vasen zweckentfremden; sie sind oft für wenig Geld zu haben und verleihen Ihren Arrangements einen individuellen Touch.

Vor dem Kauf sollten Sie die Gefäße Ihrer Wahl jedoch unbedingt auf Risse prüfen. Wenn Sie unsicher sind, bitten Sie darum, ein bisschen Wasser in das Gefäß gießen zu dürfen. Sollte sich zeigen, dass das Objekt einen Riss hat, ist noch nicht alles verloren. Unauffällige,

Steckhilfen

Viele Floristen schwören auf Steckmasse, ein schaumstoffähnliches Material, das in Gefäßen aller Art eingesetzt werden kann. Man wässert den Steckschaum, schneidet ihn in Form und steckt die Blütenstiele hinein. Ich verzichte allerdings auf Steckmasse, denn sie ist weder wiederverwendbar noch lässt sie sich recyceln. Außerdem wird das Arrangieren damit recht zeitaufwendig. Wenn Sie eine Teetasse oder ein anderes, wenig Halt bietendes Gefäß als Vase benutzen wollen, gibt es gute Alternativen:

- Kleben Sie transparentes Klebeband gitterförmig über die Öffnung. In die Zwischenräume stecken Sie die Blumen.
- Im Fachhandel finden Sie gelochte Halbkugeln und „Blumenigel" aus Kunststoff, Metall, Glas oder Keramik. Sie eignen sich besonders für breite Gefäße, etwa flache Schalen.
- Kükendraht lässt sich gut formen und sorgt z. B. als Ball im Innern eines Gefäßes für Halt. Vorsicht bei empfindlichen Porzellan- oder Glasvasen – sie könnten Kratzer davontragen.

leicht zugängliche Risse kann man oft mit Silikon versiegeln.

Bei Neukäufen bieten sich Vasen aus Recyclingglas als umweltfreundliche Alternative an. Noch umweltfreundlicher und obendrein kostenneutral wird es, wenn Sie Schraubgläsern, Glasflaschen und Blechdosen aus Ihrem Haushalt als Vasen eine zweite Chance geben. Auch solche Alltagsgefäße können mit ein paar Blumen darin einen ganz eigenen Charme entfalten. So schonen Sie die Umwelt nicht nur mit dem Anbau Ihrer eigenen Schnittblumen, sondern auch durch die Verwendung von recycelten Vasen.

Vasenpflege

Halten Sie Ihre Vasen sauber. Abgesehen davon, dass schmierige Vasen nicht besonders schön aussehen, verkürzen die in den Ablagerungen enthaltenen Bakterien die Lebensdauer von Schnittblumen.

Zur Reinigung genügt meist heißes Wasser mit etwas Seife oder Spülmittel. Unbedingt empfehlenswert ist nach meiner Erfahrung der Kauf einer Flaschenbürste, mit der Sie auch schwer zugängliche Stellen erreichen.

Sehr kleine Glasvasen und alle Gefäße mit engen Öffnungen lassen sich gut mit den im Fachhandel erhältlichen Kupferkügelchen säubern. Man gibt sie zusammen mit ein wenig Wasser in die Vase und schwenkt diese sanft. Das Kupfer ist weich genug, um das Glas nicht zu verkratzen. Die Kügelchen kann man immer wieder verwenden, achten Sie aber darauf, dass sie vor dem Wiederverpacken wirklich ganz trocken sind, damit sie nicht korrodieren.

Zarte Gräser, dekorative Samenstände, leuchtende Blüten: alles aus dem eigenen Garten.

Dieses Arrangement aus Traubenhyazinthen, *Primula sieboldii* 'Snowflake', Vergissmeinnicht, *Primula denticulata* var. *alba* und elfenbeinfarbener Garten-Anemone bedeutet für mich Frühling pur.

RECHTS Zarte kleine Blumen wie diese Traubenhyazinthen gibt es selten zu kaufen – wie gut, dass man sie ganz einfach selbst ziehen kann.

UNTEN Garten-Anemonen wissen nicht nur in gemischten Sträußen, sondern auch für sich allein zu überzeugen.

Für schlichte Arrangements eignen sich Glasfläschchen und Krüge bestens als Vasen.

RECHTS Ein frischer Hingucker aus *Tulipa* 'Verona', *Tulipa* 'Purissima', *Erysimum cheiri* 'Ivory White', weißem Silberblatt und frischem Blattgrün.

LINKS *Narcissus* 'Actaea' ist eine Dichter-Narzisse, die zur Mitte des Frühjahrs blüht.

RECHTS Ein Strauß Goldlack (*Erysimum cheiri* 'Ivory White') bringt den Frühling ins Haus.

LINKS Ein bunt gemischter Strauß ist wunderschön anzusehen und schnell gebunden.

LINKS Levkojen und Nachtviolen verströmen nicht nur einen wunderbaren Duft, sie haben auch optisch einiges zu bieten, z.B. wenn man sie mit leuchtenden Tulpen und schlichtem Weißdorn kombiniert.

RECHTS Die Garten-Anemone mit ihren satten Farben kommt auch solo bestens zur Geltung.

LINKS *Dianthus barbatus* 'Green Trick', *Scabiosa atropurpurea* 'Black Cat', *Allium sphaerocephalon*, Wilde Möhre, *Centaurea cyanus* 'Black Boy' und rosa Strandflieder.

OBEN *Agrostis nebulosa* und Großes Zittergras harmonieren schön mit den gefüllten Blüten des Mutterkrauts und geben diesem Strauß ein besonders natürliches Flair.

RECHTE SEITE Der Frühsommer bringt die ersten Bartnelken, und auch der Frauenmantel blüht.

OBEN Halten Sie Ausschau nach handgemachten Vasen wie dieser, die Duftwicken herrlich zur Geltung bringt.

LINKS Das leuchtende Orange der Islandmohnblüten wird durch die blaugrün schimmernden Glasgefäße noch hervorgehoben.

LINKS Ein sommerlicher Mix aus Kornblumen, Mutterkraut, gelbem Strandflieder, *Achillea* 'Terracotta', *Dianthus barbatus* 'Green Trick' und Mohnkapseln.

UNTEN Die Mähnengerste bringt einen zartrosa Schimmer in dieses Arrangement aus Nachtviole, Frühlingsstern und *Allium caerulum.*

RECHTE SEITE Sonnenblumen sind aufgrund der Blütengröße nicht einfach zu kombinieren. Die Sorte *Helianthus debilis* 'Vanilla Ice' hat kleinere Blüten, die hier von *Ammi majus*, Löwenmäulchen, Strandflieder, weißen Skabiosen und Rispenhirse begleitet werden.

RECHTS In diesem Sommersträußchen aus Frauenmantel, Strandflieder und Leberbalsam sorgen Apfelminze und Bowles-Minze für frischen Duft.

UNTEN Ausgediente Schraubgläser und Konservendosen bringen kleine Sträuße wunderbar zur Geltung. So gehen auch filigrane Gräser und zarte Blumen wie diese Blaudolden nicht unter.

LINKE SEITE Die Blütenstände des Rittersporns stelle ich am liebsten in einfache Glasflaschen.

RECHTE SEITE Die satten Farben von *Daucus carota* 'Black Knight', Inkalilien und Chrysanthemen kontrastieren mit dem hellen Grün des Frauenmantels.

OBEN Ein frühherbstlicher Strauß in Flammenfarben aus Sonnenbraut, *Rudbeckia hirta* 'Prairie Sun', *Crocosmia* 'Lucifer' und *Deschampsia cespitosa* 'Goldtau'.

RECHTS Dieses Ensemble aus Brombeerzweigen, Hagebutten und Mehlbeeren versprüht Landhauscharme.

Reiche Ernte

Barbour
HUNTER

Willkommene Ergänzungen

Sinn und Zweck eines Schnittblumenbeets ist, auf kleiner Fläche verschwenderisch blühende Pflanzen zu ziehen, die man ohne Bedenken (wegen der Lücken, die das hinterlässt) abschneiden kann. Diese Blumen als Nutzpflanzen zu betrachten bedeutet, dass Sie Ihr Beet nach Herzenslust abernten dürfen.

Es bedeutet jedoch nicht, dass Sie sich auf die ein- und zweijährigen Blühpflanzen in Ihrem Beet beschränken müssten, denn Stauden, Sträucher, ja sogar Bäume liefern Ihnen weiteres Material. Anders als bei Ihren Schnittblumen sollten Sie hier zwar nicht wild drauflosschneiden, aber ein paar Zweige von hier und da können Ihre Arrangements durchaus bereichern. Vielleicht wachsen in Ihrem Garten bereits geeignete Pflanzen, die Sie nur noch nie als Beiwerklieferanten betrachtet haben. Vielleicht möchten Sie ohnehin einen Bereich Ihres Gartens umgestalten, oder Sie sind gerade in einen Neubau gezogen, und hinter Ihrem Haus liegt eine Brachfläche wie eine leere, nach Gestaltung rufende Leinwand. Wenn Sie dafür Pflanzen wählen, die nicht nur gut aussehen, sondern auch zusätzliches Schnittmaterial für Ihre Vasen liefern, haben Sie noch mehr von Ihrem Garten.

Mit einer durchdachten Auswahl kann man selbst in einem kleinen Garten eine attraktive, vielseitige Bepflanzung erreichen, die weitere Zutaten – z. B. reizvolle Samenstände – für Schnittblumensträuße liefert.

Doch nicht nur Ihr Garten versorgt Sie mit Beiwerk. Gerade im Herbst, Winter und zu Beginn des Frühjahrs, wenn auf den Beeten kaum etwas blüht, können Zweige und Äste von Hecken, Sträuchern und Bäumen die Lücken schließen. Gibt es eine schönere Möglichkeit, sich den Zauber der Jahreszeiten ins Haus zu holen, als mit ein paar mit Beeren oder Hagebutten behangenen Zweigen oder Weidenkätzchen (*Salix* spp.)?

Blühende Fantasie

Das wichtigste Element bei der Auswahl geeigneter Beiwerklieferanten ist die Fantasie. Auch wenn diese Pflanzen nicht besonders spektakulär blühen und man sie sicherlich nicht in gekauften Sträußen finden würde, mindert das nicht ihren Wert als Schnittmaterial.

In den 1930er-Jahren revolutionierte Constance Spry die Kunst des Dekorierens mit Blumen. Bis dahin hatten große, voluminöse Sträuße die Floristik dominiert – ein Ideal, das noch aus viktorianischen und edwardianischen Zeiten stammte. Sprys Philosophie, auch Gräser und Kräuter, die am Wegesrand wuchsen, mit Flechten bewachsene Zweige, Lärchenäste mitsamt den Zapfen, ja sogar Kohlblätter aus dem Gemüsebeet für Arrangements zu benutzen, brach radikal mit dieser Tradition.

Ausgedehnte Herbstspaziergänge laden geradezu zum Sammeln ein.

Quer durch den Garten und das Jahr

Juwelen in Ihrem Garten

Wenn Sie das Glück haben, einen Garten Ihr Eigen zu nennen, finden Sie dort vermutlich ein großes Pflanzensortiment vor, mit dem Sie Ihre Schnittblumen ergänzen können.

Winter

Man sollte meinen, dass es ab dem Spätherbst mehr oder weniger unmöglich wäre, Material für schöne Arrangements zu finden, aber dieser Eindruck täuscht. Zweige von winterblühenden Gehölzen können attraktives Beiwerk für winterliche Sträuße liefern. Ihre Blüten sind meist klein, und das ist gut so, schließlich wären große Blüten zu dieser Jahreszeit immer in Gefahr, durch die Witterung Schaden zu nehmen. Um trotzdem Insekten anzulocken, die sich in der kalten Jahreszeit rarmachen, produzieren winterblühende Sträucher oft besonders intensiv duftende Blüten.

Eine Vase mit ein paar Zweigen dieser Winterblüher ist die wahre Freude. In der Wärme des Hauses springen die prallen Knospen nach und nach auf, und die Blüten entfalten sich. Geben Sie ihnen einen Ehrenplatz auf dem Schreibtisch oder auf der Küchenfensterbank, um sich möglichst oft und ganz aus der Nähe an ihrer Schönheit erfreuen zu können, ohne sich hinaus in die Kälte begeben zu müssen. Vielleicht liebe ich die Winterblüher deshalb so sehr, weil die kurzen, kalten Wintertage so wenig Heiteres und Helles zu bieten haben.

Kaum etwas vermag mich in der dunklen Jahreszeit mehr zu beglücken als der süße Duft von *Viburnum × bodnantense* 'Dawn', der meine Küche erfüllt. Die dunklen Zweige mit ihren weißen, zuckerwatterosa überhauchten Blüten bezaubern, in schlichten Glasflaschen arrangiert, mit orientalisch anmutendem Flair und bleiben mindestens zehn Tage schön – wenn sie

Die winzigen Blüten des winterblühenden Geißblatts verströmen einen betörenden Duft.

Der süße Duft von *Viburnum × bodnantense* 'Dawn' lässt die Tristesse des Winters vergessen.

kühl stehen, sogar länger, auch wenn ihr Duft dann schwächer wird.

Die winterblühenden Geißblattsorten *Lonicera × purpusii* und *L. fragrantissima* bilden, anders als ihre rankenden, im Sommer blühenden Verwandten, richtige Sträucher. In den übrigen neun Monaten des Jahres wirken sie mit ihrem unauffälligen Laub und ihrem insgesamt etwas struppigen Erscheinungsbild nicht besonders liebenswert, doch wenn man erst einmal an ihren winzigen weißen Winterblüten geschnuppert hat, kann man fast nicht anders, als sich ein Wohlriechendes Geißblatt in den Garten zu wünschen. Ein paar Zweige in einer hohen Vase ergeben einen festlichen Tischschmuck, und vielleicht möchten Sie – je nach Witterung – auch ein paar Zweige für Ihre Weihnachtsdekoration schneiden. In meinem Garten blüht der Strauch erstmals im Spätherbst und dann sporadisch immer wieder bis zum Beginn des Frühjahrs.

Die Chinesische Winterblüte *(Chimonanthus praecox)* ist eine Pflanze, die ich erst vor Kurzem kennengelernt habe und noch nicht in meinen Garten holen konnte, doch sie steht ganz oben auf meiner Wunschliste. *Chimonanthus* ist ein eher selten anzutreffender Strauch, vielleicht, weil vom Einpflanzen bis zur ersten Blüte angeblich bis zu sieben Jahre vergehen können. An einem frostigen Tag im Spätwinter bin ich diesem Strauch zum ersten Mal begegnet. Kaum hatte ich den aromatisch-süßen Blütenduft gerochen, war es auch schon um mich geschehen. Die Blüten von *Chimonanthus* sind klein und ungewöhnlich geformt. Wie zottelige, buttergelbe Mützchen hängen sie an den kahlen Zweigen. Die inneren Blütenblätter leuchten rotbraun bis purpurn. Wie die meisten winterblühenden Sträucher ist auch *Chimonanthus* zu anderen Zeiten des Jahres ein ziemlich unspektakuläres Gewächs, doch das verzeiht man ihm leicht, wenn man sich einmal im tiefsten Winter an der Schönheit und dem Wohlgeruch seiner Blüten erfreut hat.

Von den drei beschriebenen Winterblühern können Sie Zweige schneiden, sobald sich die Knospen bilden.

Die Kirsche *Prunus × subhirtella* 'Autumnalis' verströmt einen feinen Mandelduft, und die Schönheit ihrer rosig überhauchten Blüten, die vom späten Herbst bis zum frühen Frühjahr erscheinen, ist spektakulär. Bei großer Kälte stoppt die Blüte allerdings. Holen Sie sich ein paar Zweige ins Haus, wenn die Weihnachtsdekoration abgeräumt ist und die Räume ohne Blumenschmuck ein bisschen kahl wirken. Das schön gefärbte Laub dieser Kirsche ist auch in den übrigen Jahreszeiten eine gute Ergänzung für florale Arrangements, allerdings erreicht der Baum eine Größe, die ihn für sehr kleine Gärten ungeeignet macht.

Die stark gedrehten Triebe der Korkenzieherhasel (*Corylus avellana* 'Contorta') können auch als Solisten in der Vase bestehen, vor allem gegen Ende des Winters, wenn gelbe Blütenkätzchen von den dunklen Zweigen hängen. Belaubt wirkt der Strauch ein wenig unordentlich, sollte im Garten also keinen zu prominenten Platz bekommen.

Frühling

Obwohl die Tage länger und die Sonnenstrahlen intensiver werden, können die Frühlingsmonate für Schnittblumengärtner eine frustrierende Zeit sein. Man kann es kaum erwarten, die neue Gartensaison einzuläuten, doch oft macht einem die Witterung noch einen Strich durch die Rechnung.

Zwiebelpflanzen und winterblühende Sträucher liefern die ersten Blüten des Jahres. Meine

Lieblingsfrühjahrsblüher bringen die Energie, das Leuchten und die Frische der wiedererwachenden Natur ins Haus.

Forsythien gehören zu den ersten Frühlingsboten. Mit ihren leuchtend gelben Blüten an kahlen Zweigen sorgen sie für einen regelrechten Farbflash nach dem langen, grauen Winter. Zugegebenermaßen ist die Zeitspanne, in der sie wirklich attraktiv sind, kurz, doch wenn man ein paar Zweige schneidet und in eine Vase stellt, sobald sich Knospen bilden, hat man einige Wochen Freude an den sich nach und nach öffnenden Blüten.

Blühende Obstbaumzweige sind auch für sich allein ein perfekter Zimmerschmuck. Natürlich verzichten Sie auf einen kleinen Teil Ihrer späteren Obsternte, wenn Sie ein paar Zweige schneiden – die Entscheidung liegt bei Ihnen. Für mich ist es immer ein Fest, ein paar Apfelbaumzweige aus meinem Garten ins Haus zu holen, besonders, wenn die Blüte mit dem Osterfest zusammenfällt.

Die grellgrünen, pomponähnlichen Blüten des Gewöhnlichen Schneeballs *(Viburnum opulus)* sind ein echtes Highlight in jedem Arrangement. Später verblasst das Grün, und die Blüten erscheinen erst cremefarben und schließlich weiß – daher der Name „Schneeball". *Viburnum* blüht ab der Frühlingsmitte bis zum Frühsommer und wirkt in Kombination mit Tulpen in kräftigen Farben großartig.

Primeln gehören zu meinen Lieblingen und eignen sich hervorragend als Schnittblumen, wie ich herausgefunden habe. Auch wenn sie –

Mit ihren leuchtend gelben Blüten ist die Forsythie im Frühjahr eine Augenweide.

vor allem die Sorten mit blassgelben Blütenblättern – unglaublich zart wirken, sind die kleinen Pflanzen überraschend robust. Auf der gesamten Nordhalbkugel verbreitet, wachsen sie in lichten Wäldern und am Gehölzrand und werden auch in den meisten Gärten rasch heimisch. Nach ein paar Jahren kann man die Pflanzen teilen, um sie zu vermehren – falls sie sich nicht ohnehin schon im gesamten Garten ausgesät haben. Vom späten 19. bis zur Mitte des 20. Jahrhunderts gehörte die Primel zu den beliebtesten Schnittblumen. Heute machen sich nur noch wenige Menschen die Mühe, sie zu pflücken. Weil ihre Stängel verhältnismäßig kurz sind, braucht man für Primeln entsprechend kleine Vasen. Ein kleines Primelsträußchen in einem Medizinfläschchen sieht nicht nur wunderhübsch aus, es hält sich auch sage und schreibe zehn Tage. Primeln blühen über einen langen Zeitraum, ab dem Spätwinter bis weit ins Frühjahr hinein. Weil sie auch im Garten gut gedeihen und Massen von Blüten produzieren, besteht keine Notwendigkeit, wild wachsende Primeln zu pflücken. Und die Echte Schlüsselblume *(Primula veris)* steht unter Naturschutz!

Die Gattung *Primula* hat noch zahlreiche weitere Vertreter, die sich bestens als Schnitt-

LINKS Apfelblüten bezaubern durch ihre schlichte Schönheit. Wenn Sie gerne Äpfel essen, sollten Sie allerdings nur wenige Zweige schneiden.

MITTE Eine klassische Kombination: weiße Kugelprimeln *(Primula denticulata)* und die zartblauen Blüten des Vergissmeinnichts *(Myosotis)*.

RECHTS Die raffiniert gemusterten Blütenblätter von 'Goldlaced'-Primeln bewundert man am besten aus der Nähe.

blumen eignen. Die Auswahl ist riesig. Versuchen Sie es doch einmal mit Hybriden aus der 'Gold-laced'-Gruppe, die dank ihrer etwas längeren, kräftigeren Stängel gut zu Sträußchen arrangiert werden können. Wie wäre es mit *P. sieboldii*, deren elegante Blüten an filigrane Schneekristalle erinnern? Oder mit *P. japonica* oder *P. beesiana*, die sich durch leuchtende Farben und besonders lange Blütenstiele auszeichnen? Angesichts dieser schier unerschöpflichen Vielfalt kann der Anbau von Primeln leicht zur Sucht werden. Primeln bevorzugen schattige Standorte und feuchte Böden und sind damit eine perfekte Bepflanzung für Bereiche, an denen viele andere Pflanzen nicht gedeihen. Wegen ihres geringen Platzbedarfs und der hübschen Blattrosetten eignen sie sich sogar als Saumbepflanzung für schattige Gartenwege.

Sommer

Der Sommer ist die Zeit der Stauden. Ihr Schnittblumenbeet steht nun in voller Blüte und liefert wöchentlich mindestens zwei Eimer voll Blumen. Nichtsdestoweniger sind Ergänzungen aus den Staudenrabatten jetzt reizvoll und willkommen.

Zu den ausdauerndsten Sommerblühern gehört die Sterndolde *(Astrantia)*, eine sehr

pflegeleichte Pflanze, die nicht nur mit den meisten Böden und Standorten zurechtkommt, sondern auch langlebige Schnittblumen liefert. Schon deshalb verdient sie eine genauere Betrachtung. Was auf den ersten Blick aussieht wie Blütenblätter, sind tatsächlich papierdünne und wunderschön gezeichnete Hoch- oder Hüllblätter. Wenn das Licht hindurchscheint, wirken sie fast wie Buntglas. Sie umgeben winzige gestielte Blüten, die in einer Dolde angeordnet sind. Sterndolden gehören zu den winterharten Stauden mit der längsten Blühdauer. Die ersten Blüten erscheinen im Spätfrühling, die letzten zur Herbstmitte. Das Spektrum der Blütenfarben reicht von Pink und Karmesinrot bis zu grünlichem Weiß. Meine Lieblingsastrantien sind *A. major* 'Ruby Wedding' und *A. major var. rosea*. Die weißen Sorten bevorzugen eher schattige Standorte, während die rot und rosa blühenden Sorten Sonne brauchen, um ihre kräftigen Farben entwickeln zu können. Ich verleihe meinen Sträußen mit ein paar Astrantienblüten gern ein natürliches Flair.

Auch die Schafgarbe *(Achillea)* blüht sehr ausdauernd. Ihre kleinen Blütenkörbchen sitzen dicht an dicht auf hohen Stielen und üben eine geradezu magnetische Anziehungskraft auf Schwebfliegen und Schmetterlinge aus. Die

als Gartenpflanzen kultivierten Sorten sind eng verwandt mit der Gemeinen Schafgarbe (*A. millefolium*), die man an Acker- und Wegrändern finden kann. Ihre Kulturformen geben sommerlichen Sträußen eine natürliche Note. Ihren botanischen Namen verdankt die Staude dem griechischen Helden Achill, der Homers *Ilias* zufolge seine Wunden mit dieser Pflanze behandelt haben soll.

Im Allgemeinen kauft man Schafgarben als Pflanzen, doch man kann sie natürlich auch aus Samen ziehen. Versuchen Sie es einmal mit den Sorten *A. millefolium* 'Summer Pastels' oder 'Summer Berries'.

LINKS Die Sterndolde ist u.a. in den bewaldeten Bergregionen des Balkans heimisch. Mit ihrer wilden und natürlichen Anmutung passt sie ausgezeichnet in Sträuße mit rustikalem Flair.

MITTE Schafgarben sind leicht zu kultivieren und gute Schnittblumen.

RECHTS Rosarote Inkalilien harmonieren wunderbar mit hellgrünen Skabiosenknospen, Dolden von *Daucus carota* 'Black Knight' und weinroten Chrysanthemen aus meinem Schnittblumenbeet.

Säen Sie Mutterkraut schon im Spätsommer unter eine Mulchschicht, dann können Sie sich im Folgejahr an den Blüten erfreuen.

Die Inkalilie *(Alstroemeria)* hat nicht nur einen exotisch klingenden Namen, sie bringt tatsächlich Tropenflair in Ihren Garten. Die Blüten dieser aus Südamerika stammenden Liliengewächse sind lebhaft gefärbt und häufig gepunktet oder gestreift, harmonieren jedoch überraschend gut mit unseren klassischen Gartenblumen und haben daher einen Platz in Ihrem Schnittblumenbeet verdient. Die Blüten halten unglaublich lange – bis zu zwei Wochen. Der einzige Nachteil ist, dass Inkalilien nur bedingt winterhart sind: Temperaturen unterhalb von –5 °C machen ihnen den Garaus. In Regionen mit mildem Klima kann man Inkalilien über den Winter bringen, indem man sie im Herbst mit einer dicken Schicht Laub oder Kompost mulcht, um die Wurzelknollen zu schützen. Ansonsten ist es ratsam, die Knollen im Herbst auszugraben, in mit Blumenerde gefüllte Töpfe zu setzen und an einem frostfreien Ort zu überwintern. Im Frühjahr kann man sie dann erneut auspflanzen. Inkalilien sind ausgesprochen blühfreudig, wollen aber sorgsam „geerntet“ werden. Doch wenn Sie die Blütenstängel aus der Basis herausdrehen, statt sie abzuschneiden, werden Sie lange Freude an der Blütenpracht Ihrer Inkalilien haben.

Wer Sträuße im klassischen Bauerngartenstil liebt, sollte unbedingt einige Mutterkrautpflanzen in seinen Garten setzen. Mutterkraut *(Tanacetum parthenium)* ist eine kurzlebige Staude, die sich problemlos aus Samen ziehen lässt und wie eine robuste Einjährige behandelt werden kann. Ich säe sie gerne im Spätsommer aus, weil sie dann deutlich früher und üppiger blüht als bei Frühjahrsaussaat. Mutterkraut findet man sonst eher im Kräutergarten, denn die ursprünglich in Südosteuropa und dem Kaukasus beheimatete Pflanze wird seit Jahrtausenden in der Volksheilkunde eingesetzt, z. B. bei Menstruationsbeschwerden oder für Frauen im Wochenbett – daher der Name. Sie soll auch bei Fieber und Migräne helfen.

Mutterkraut hat aromatische Blätter und hübsche, margeritenähnliche Blütenköpfchen mit einem Ring aus weißen Zungenblüten und gelber Mitte. Besonders schön finde ich die eher seltene, gefüllte Sorte *Tanacetum parthenium* 'Flore Pleno'. Mutterkraut neigt zum Versamen, was man allerdings durch regelmäßiges

Gute Laune eimerweise: Prächtige Schnittblumen sind der vielen Mühe Lohn.

Rosa 'A Shropshire Lad', eine klassische Schönheit mit exquisitem Duft.

Schneiden eindämmen kann. Dennoch lohnt es sich unbedingt, einige Blüten bis zur Samenreife stehen zu lassen, die Samen zu sammeln und noch im Sommer auszusäen. Wenn man die Staude nach der ersten Blüte fast bis zum Boden zurückschneidet und ihr etwas flüssigen Algendünger gibt, blüht sie in der Regel ein zweites Mal.

Sonnenbraut *(Helenium)* ist eine Bereicherung für jeden Garten. Wie bei allen Stauden braucht man keine Angst zu haben, ihre Blühfreude durch das Abschneiden von Blütenstielen zu vermindern. Auch in der Vase hält sie sich gut. Achten Sie bei der Auswahl der Pflanzen auf Sorten mit langer Blütezeit. *Helenium* 'Sahin's Early Flowerer' z. B. beginnt, wie schon ihr Name verheißt, bereits im Frühsommer zu blühen – einen guten Monat früher als andere Sorten – und blüht dann bis zur Herbstmitte unermüdlich weiter. Mit ihrem Kranz aus mehrfarbigen, orange-gelb-roten Blütenblättern um eine schokoladenbraune Mitte wirken ihre Blüten ausgesprochen fröhlich und lassen sich hervorragend mit Gräsern und Rudbeckien kombinieren. Allerdings sollten Sie beim Schneiden Handschuhe tragen, denn Helenium ist giftig und kann Hautreizungen hervorrufen.

Was wäre der Sommer ohne Rosen? Kaum etwas verkörpert den Zauber dieser Jahreszeit so vollkommen wie die Rose. Ich liebe Rosen – trotz ihrer Dornen und ihrer Anfälligkeit für Schädlinge und Krankheiten. Meine Lieblingsrosen haben jedoch wenig mit den importierten Sorten gemein, die man das ganze Jahr über kaufen kann. Diesen Edelgewächsen fehlt die Anmut der Gartenrosen, und ihre einförmige Perfektion lässt sie künstlich wirken. Vor allem aber fehlt ihnen der Duft. Überreichen Sie jemandem einen Strauß Rosen, und er wird unwillkürlich sofort daran riechen, weil er

Die Blüten des Pfeifenstrauchs sind schlicht, aber wunderschön. Solo wirken die Zweige am besten.

betörenden Duft erwartet. Das ist eine ganz instinktive Reaktion, und trotzdem sind duftende Rosen nur selten als Schnittblumen erhältlich. Das liegt daran, dass sich duftende Rosen nach dem Schneiden nicht lange halten, was sie für den kommerziellen Anbau uninteressant macht. Die Länge der Stiele, die Größe und Zahl der Blüten sowie die Transporteignung sind Eigenschaften, die für kommerzielle Rosenzüchter zählen. Dabei kommen dann ironischerweise Blumen heraus, denen es an echter Schönheit fehlt. Da pflücke ich doch viel lieber eine duftende Rose aus meinem Garten, die vielleicht nur ein paar Tage hält, aber alles hat, was ich mir wünsche. In meinen Beeten wachsen *Rosa* 'A Shropshire Lad', *R.* 'Gertrude Jekyll' und *R.* 'Geoff Hamilton', und es bereitet mir jedes Mal Freude, ein paar Blüten zu schneiden, auch wenn ich dies nicht allzu häufig tue.

Mit dem Pfeifenstrauch *(Philadelphus)*, auch Sommerjasmin genannt, verbindet mich eine frühe Erinnerung. Am Gartentor des Hauses, in dem ich meine Kindheit verbrachte, wuchs ein Exemplar dieses Strauchs. Ich liebte seine wunderschönen, elfenbeinfarbenen Blüten, doch am meisten bezauberte mich sein überwältigender Duft, der an den Duft von Orangenblüten erinnert.

Außerhalb der Blütezeit ist der Pfeifenstrauch kein sonderlich inspirierendes Gewächs und müsste sich gerade in kleinen Gärten eigentlich mehr anstrengen, um seinen Platz zu verdienen, doch manchmal sollten wir unser Herz entscheiden lassen. Der Pfeifenstrauch blüht ab dem Frühsommer sechs Wochen lang und kommt mit den unterschiedlichsten Bedingungen zurecht. Schon wenige Jahre nach der Pflanzung sollte er groß genug sein, dass Sie ihm bedenkenlos jedes Jahr ein paar seiner Zweige rauben können.

Herbst

Wenn der Herbst Einzug hält, hat Ihr Schnittblumenbeet wohl gerade den Zenit überschritten. Doch andere Gartenpflanzen kommen jetzt erst in Schwung und eignen sich perfekt für Kombinationen mit spät blühenden Einjährigen und Dahlien.

Die Varietäten der Fetthenne *Sedum telephium* (syn. *Telephium* oder *Hylotelephium*) sind eine Bereicherung für jeden Garten. Sie kommen mit Trockenheit ebenso gut klar wie mit Dauerregen und werden von Bienen, Schwebfliegen und Schmetterlingen geliebt. Darüber hinaus eignen sie sich auch bestens für die Vase. Zwar treiben sie nach dem Schneiden keine neuen Blütenstiele mehr, doch schon die blau überlaufenen Triebe mit den Blütenknospen, die sich im Hochsommer bilden, machen sich in Sträußen wunderbar. Ich ziehe es allerdings vor, bis zum Spätsommer oder Herbst zu warten, wenn die flachen, wie aus winzigen Sternchen zusammengesetzten Blüten erscheinen. In der Vase hält sich die Fetthenne bis zu zwei Wochen. Wenn die anderen Blumen in Ihrem Strauß verwelkt sind, können Sie ihre Stängel neu anschneiden und mit frischen Blumen kombinieren. Besonders lohnend sind Sorten der Art *S. spectabile* (syn. *Hylotelephium spectabile*). Versuchen Sie es z.B. mit der weiß blühenden Sorte 'Stardust' oder der 'Herbstfreude' in dunklem Pink .

Montbretien *(Crocosmia)* stammen aus Südafrika und gehören zu den Schwertliliengewächsen. Sie bilden Rhizome, haben schmale, schwertförmige Blätter und blühen ab dem Hochsommer bis zur Herbstmitte. Die trichterförmigen Blüten strahlen in warmen Farben von Gelb über Orange bis Rot. Damit sie in der Vase möglichst lange halten, schneidet man sie am besten, wenn sich die untersten Blüten

Ob frisch geschnitten oder getrocknet: Die filigranen Rispen von *Agrostis nebulosa* sind ein Schmuck für jede Vase.

gerade öffnen. Auch die Samenstände sind für die Vase geeignet (siehe S. 196). In Mitteleuropa sind Montbretien nicht sicher winterhart, bedecken Sie ihre Rhizome daher im Herbst mit einer dicken Mulchschicht oder nehmen Sie sie aus dem Boden, um sie wie Dahlienknollen an einem frostfreien Ort zu überwintern.

Immergrüne Blattgrünlieferanten zu ziehen ist nicht so einfach, vor allem wenn man nur ein schmales Beet zur Verfügung hat. Eine unbedingt empfehlenswerte Pflanze, die im Herbst ihre ganze Schönheit zeigt, ist der Lorbeer-Schneeball (*Viburnum tinus* 'Gwenllian'). Zwar kann man von ihm ganzjährig Blattgrün ernten, doch ich warte meist bis zum Herbst, wenn sich die tellerförmig angeordneten, winzigen rötlichen Knospen zu sternförmigen weißen Blüten öffnen. Die blühenden Zweige ergeben mit Skabiosen, Bischofskraut und Wilder Möhre vom Schnittblumenbeet wunderschöne Sträuße. Der Lorbeer-Schneeball entwickelt sich nur langsam zu einem 1,5–2,5 Meter hohen und ebenso breiten Strauch. Leider ist er nur bedingt winterhart, und ein geschützter Standort sowie Winterschutz sind dringend anzuraten. Alternativ kann man ihn als Kübelpflanze ziehen und kühl, aber frostfrei im Haus überwintern.

Gräser

Für mich ist die Verwendung von Gräsern in Blumenarrangements noch relativ neu. Lange habe ich Gräser einfach nicht beachtet, bis zu dem Tag, an dem ich ein paar Herbstblumen gepflückt hatte – Astern, Rudbeckien und Sonnenbraut – und nach etwas Beiwerk suchte, das zur Jahreszeit passte. Mein Blick fiel auf eins meiner Hochbeete, in dem die goldenen Rispen von *Deschampsia cespitosa* 'Goldtau' wogten wie ein kleines Getreidefeld im Wind, und ich beschloss, ihnen eine Chance zu geben: Sie sahen nicht nur großartig aus, sondern hielten auch ewig. In getrockneter Form und in Kombination mit anderen Samenständen macht sich dieses Gras ebenfalls gut.

Das Fasanenschwanzgras *(Anemanthele lessoniana*, syn. *Stipa arundinacea)* ist ein weiteres mehrjähriges Gras, das ich gerne verwende. (In Mitteleuropa benötigt es allerdings Winterschutz.) Hinzu kommen ein paar einjährige Gräser von meinem Schnittblumenbeet und aus meinem Garten. Das Große Zittergras (siehe S. 106) kann man sowohl frisch als auch

Dieses dekorative Trockensträuß-chen enthält Samenstände von Karden, Silber-blatt, Mohn und Montbretien.

getrocknet verwenden, ebenso *Panicum elegans* 'Frosted Explosion' und *Agrostis nebulosa*. Vielleicht wäre das imposante Riesen-Federgras *(Stipa gigantea)* etwas für Sie. Aber experimentieren Sie ruhig auch mit Gräsern, die bereits in Ihrem Garten wachsen.

Samenstände

Schon das Wort „Trockenblumenstrauß" klingt altmodisch und verstaubt, kurz: wie der größtmögliche Gegensatz zur Leuchtkraft und Frische selbst gezogener Schnittblumen. Und trotzdem kann ich Trockenblumen inzwischen etwas abgewinnen – zumindest manchen.

Ab dem Spätherbst, wenn auf meinem Schnittblumenbeet nichts mehr grünt und blüht, liefern mir dekorative Samenstände aus dem Schrebergarten Gestaltungsmaterial. Wichtig ist, in Trockensträußen keine „Dauerdeko", sondern eine Überbrückungslösung zu sehen. Ich entledige mich ihrer meist, wenn die zweite Hälfte des Winters anbricht. Zu dieser Zeit lechze ich nämlich nach Farben, die gute Laune verbreiten, und fülle die Lücke bis zur Blüte meiner ersten Zwiebelblumen mit gekauften, früh blühenden heimischen Narzissen. Bis dahin jedoch lasse ich mich von blassgoldenen Gräsern, den silbergrauen Samenkapseln des Schlafmohns und den papierdünnen Lunaria-„Monden" an die Herrlichkeit des letzten Gartenjahres erinnern.

Es gibt ein paar Pflanzen, die allein oder vor allem ihrer Samenstände wegen einen Platz in Ihrem Garten verdienen. Die zarten Blüten des Schlafmohns z. B. liebe ich sehr, doch in der Vase welken sie leider im Handumdrehen. Die Samenkapseln hingegen sind wunderschön – und haltbar. Die kugeligen blaugrauen Behältnisse mit ihren geriffelten Deckeln überziehen sich beim Trocknen mit einem silbrigen Schimmer. Vom Sommer bis zum Herbst nutze ich die frischen Samenkapseln für meine Sträuße. Ihr kühles Blau wirkt besonders in Kombination mit Pastelltönen sehr schön. Einige reserviere ich für den Winter und lasse sie trocknen. Sie sollten geerntet werden, ehe die Samen voll ausgereift sind.

Kapseln mit reifen Samen „rasseln". Stellen Sie die Stängel mit den Samenkapseln kopfüber in eine Papiertüte, verschließen Sie diese mit Gummiband oder Zwirn, und hängen Sie sie an einen trockenen, warmen Platz. Entscheidend ist, dass die Samenkapseln keinerlei Feuchtigkeit abbekommen, sonst faulen sie nämlich. Während sie trocknen, öffnen sie sich allmählich, und Tausende von winzigen schwarzen Samen fallen in die Tüte. In einem Trockenschrank dauert das etwa zwei bis drei Wochen, an kühleren Orten entsprechend länger. Schütteln Sie die Kapseln in der verschlossenen Tüte gut aus, nun sind sie verwendbar. (Heben Sie die Samen auf, das nächste Frühjahr kommt bestimmt.)

Auch die Jungfer im Grünen hat sehr dekorative Samenkapseln, die sich frisch und getrocknet als Beiwerk für Sträuße eignen und wie Mohnkapseln geerntet und behandelt werden.

Das Silberblatt bietet mit seinen weißen oder lilafarbenen Blüten schon im Frühsommer einen hübschen Anblick, doch das eigentlich Spektakuläre sind die scheibenförmigen Überreste seiner Samenschoten. Um sie vor Witterungsschäden zu schützen, sollte man sie schneiden, wenn die äußeren Hüllen trocken, aber noch intakt sind. Entfernen Sie die Schotenwände und die dicken, dunklen Samen vorsichtig, um die papierdünnen, durchscheinenden Scheidewände nicht zu beschädigen.

Auch die kugelförmigen Samenköpfe von *Scabiosa stellata* 'Pingpong' sind ausgesprochen

Die Samenkapseln von Schlafmohn (links), Jungfer im Grünen (Mitte) und auch die „Monde“ des Silberblatts (rechts) fangen das Licht ein.

attraktiv. Ihre Samen ruhen in zarten kleinen, dicht gedrängt stehenden Bechern. Zwar eignen sich auch die Blüten für Sträuße, doch für diesen Zweck bevorzuge ich andere Skabiosensorten. Lassen Sie die Samenstände an der Pflanze trocknen, bevor Sie sie schneiden.

Die Samenstände von Montbretien liefern ebenfalls ungewöhnliche Zutaten für Arrangements. Entweder schneiden Sie die Stiele, wenn die Samenkapseln noch grün sind, um sie frisch in Sträußen zu verwenden, oder Sie warten, bis sich die Kapseln orange färben und zu schrumpeln beginnen. Dann streifen Sie alle Blätter ab, bündeln die Stiele und hängen sie zum Trocknen an einen warmen Platz ohne direkte Sonneneinstrahlung, damit sie ihre Farbe behalten. Nach zwei bis drei Wochen sind sie verwendbar.

Besonders gern verwende ich die verblichenen Blütenköpfe der Waldhortensie *(Hydrangea arborescens)* aus meinem Garten für herbstliche und winterliche Arrangements. Ich lasse sie einfach an der Pflanze ausbleichen und schneide sie ab dem Spätherbst. In der Vase, wenn die blasse Wintersonne ihren filigranen Schattenriss auf die Wände zeichnet, wirken sie ebenso zauberhaft wie im bereiften winterlichen Garten.

Zweige mit Beeren und Zapfen spielen in herbstlichen Arrangements eine zentrale Rolle.

Sammeln

In Wald und Feld nach essbaren Pflanzen und Früchten zu suchen, ist in den letzten Jahren wieder sehr beliebt geworden. Was einst notwendig war, um den kargen Speiseplan aufzubessern, ist heute Ausdruck einer wiederentdeckten Verbindung zur Natur. Das lässt sich durchaus auch auf dekorative Zweige für schöne Arrangements ausweiten. Meine Sammelsaison beginnt im Herbst mit eichelgeschmückten Zweigen und endet im Frühjahr mit den ersten Blüten des Schlehdorns. Beim Sammeln gilt es jedoch einige Regeln zu beachten (siehe S. 200).

Was sammeln?

Der Herbst ist die Zeit der Heckenfrüchte: Hagebutten, die Beeren des Weißdorns und sogar Brombeeren sind ein hübscher Vasenschmuck. Die Zweige halten sich, ins Wasser gestellt, 10–14 Tage und zaubern Landhausatmosphäre in Ihre vier Wände. Achtung: Einige Heckenpflanzen haben spitze Dornen, die sich jedoch leicht mit der Gartenschere entfernen lassen.

Auch Eichen- und Esskastanienzweige mit ihren Früchten machen sich in der Vase gut. Die leuchtend grünen, stacheligen Fruchtbecher der Esskastanie sind eine ebenso ungewöhnliche wie attraktive Bereicherung für herbstliche Sträuße und harmonieren sehr gut mit den satten Farben von Dahlien und anderen Herbstblumen.

Die stachligen Samenköpfe von Karden *(Dipsacus)* findet man in ländlichen Gegenden ab dem Frühherbst. Schneiden Sie sie möglichst, bevor Wind und Wetter sie beschädigt haben, und lagern Sie sie an einem trockenen Platz. Nach ein paar Wochen können Sie die Samen ausklopfen und wegwerfen oder aufheben, um selbst Karden zu ziehen. Karden haben spitze Dornen, die sich am besten entfernen lassen, indem man mit dem Blatt der Blumenschere vorsichtig am Stängel entlangfährt.

Auch Holzapfelzweige eignen sich für die Vase und geben Ihnen außerdem die Gelegenheit, die schönen Farben und Zeichnungen ihrer Miniaturfrüchte aus der Nähe zu bewundern. Arrangieren Sie sie z. B. mit ein paar Beerenzweigen und etwas Immergrünem aus Ihrem Garten.

Aus den biegsamen Zweigen der Stechpalme *(Ilex)* und den Ranken des Efeus lassen sich wunderschöne Girlanden herstellen, mit denen Sie Schränke, Regale oder Spiegel schmücken können. Zwar wird ihr Blattwerk mit der Zeit

Die skulpturale Schönheit der Samenstände von Karden und Waldhortensien hält sich lange.

Einige Sammelregeln

- Fremde Gärten samt ihren Begrenzungshecken sollten tabu sein.
- Fragen Sie Grundbesitzer stets um Erlaubnis, bevor Sie Zweige schneiden.
- In Naturschutzgebieten dürfen keinerlei Pflanzen(teile) entfernt werden.
- Manche wild wachsenden Pflanzen stehen unter Naturschutz und dürfen nicht gesammelt werden. Auskünfte erhalten Sie bei den zuständigen Behörden und bei Naturschutzorganisationen.
- Schneiden Sie von einer Pflanze immer nur einige wenige Zweige ab – damit sich auch andere noch daran erfreuen können, z.B. Wildtiere, denen sie als Nahrungsquelle dient.
- Graben Sie niemals Pflanzen aus.
- Am besten bedienen Sie sich bei häufig vorkommenden Pflanzen. Schlehe und Heckenrose etwa sind sehr verbreitet und nehmen solche Eingriffe nicht krumm.
- Wildblumen sind ein seltener Anblick, sie sollten unangetastet bleiben. Und Sie haben schließlich Ihr Schnittblumenbeet.
- Halten Sie sich zu Ihrer eigenen Sicherheit an Pflanzen, die Sie kennen. Einige Wildpflanzen sind leicht zu verwechseln: Die weißen Doldenblüten des Wiesenkerbels *(Anthiscus sylvestris)* beispielsweise sehen den Blüten des hochgiftigen Gefleckten Schierlings *(Conium maculatum)* sehr ähnlich.
- Tragen Sie Handschuhe zum Schutz vor Dornen, Stacheln sowie Pflanzensäften, die Hautreizungen verursachen können.

Im Herbst bringt eine Vase mit Brombeer-, Vogelbeer- und Lärchenzweigen Farbe ins Haus.

trocken und schrumpelig, doch ein paar Tage vor Weihnachten geschnitten, überstehen sie die Festtage durchaus.

Lärchenzweige sind aparte Zutaten für winterliche Arrangements. Wenn die nadelförmigen Blätter abgefallen sind, kommen die wunderschön geformten kleinen Zapfen zur Geltung. Auch als Solisten sind die dunklen Zweige und die Zapfen – vor allem vor einer hellen Wand – sehr dekorativ.

Nach einem windigen Tag liegen oft kleinere Äste am Boden. Vielleicht finden Sie ja bei einem Spaziergang ein paar schöne, mit Flechten bewachsene Exemplare. Kombinieren Sie sie mit ein paar Samenständen, oder stellen Sie sie für sich allein in eine hohe Glasvase, die Sie zuvor mit Kiefernzapfen gefüllt haben, und dekorieren Sie sie mit gläsernem Weihnachtsschmuck – die perfekte Dekoration für die weihnachtliche Tafel.

Mit flaumigen Weidenkätzchen und den schwefelgelben Blütenkätzchen der Haselsträucher kündigt sich der Frühling an. Weiden- und Haselzweige wecken nach dem langen, dunklen Winter Vorfreude auf die kommende Gartensaison. Schneiden Sie sie, wenn die Knospen noch geschlossen sind, damit Sie möglichst lange Freude an diesen Frühlingsboten haben.

Der Schlehdorn ist ein für ländliche Regionen typischer Strauch oder kleiner Baum und mein letzter Lieferant von Schnittmaterial, bevor die ersten Blumen in meinem Beet zu blühen beginnen. Im frühen Frühjahr ist er mit winzigen, zarten weißen Blüten übersät. Die schlichte Schönheit blühender Schlehdornzweige ist am Übergang vom Winter zum Frühjahr ein wunderbarer Anblick. Sie halten sich in der Vase etwa eine Woche lang. Die gemeingefährlichen Dornen lassen sich zum Glück leicht mit einer Blumenschere entfernen.

Natürlicher Weihnachtsschmuck ist sehr umweltfreundlich: Nach den Feiertagen kann er einfach auf den Kompost wandern.

Die getrockneten Blütenschirme der Waldhortensie sorgen für zauberhafte Schattenspiele.

Traditioneller Schnittblumenanbau

Eine lange Geschichte

Selbst wenn man seine eigenen Schnittblumen zieht, muss oder möchte man bei besonderen Anlässen manchmal auf gekaufte Sträuße zurückgreifen oder Freunden und Angehörigen einen Blumengruß schicken. Das bedeutet jedoch nicht automatisch, dass man auf Importware angewiesen ist. Wahrscheinlich gibt es auch in Ihrer Region ein paar ausgezeichnete Gartenbaubetriebe.

Narzissenpflücker Anfang des 20. Jahrhunderts auf den Scilly-Inseln vor der Südspitze von Cornwall. Hier hat der Blumenanbau eine lange Tradition.

Früher waren viele Länder Selbstversorger, was ihren Bedarf an Schnittblumen betraf. Wegen der begrenzten Haltbarkeit von Schnittblumen wurde der massenhafte Import billigerer Ware erst durch moderne Verkehrsmittel wie das Flugzeug und den Ausbau des Straßensystems im 20. Jahrhundert möglich.

Im 19. Jahrhundert war der Blumenanbau noch ein wichtiger Zweig des Erwerbsgartenbaus gewesen. Mit der Erfindung der Eisenbahn konnten Schnittblumen direkt nach der Ernte schnell und bequem zu den Blumenmärkten größerer Städte transportiert und dort schon am nächsten Tag verkauft werden. Was ursprünglich der Aufbesserung von Einkünften aus der Landwirtschaft gedient hatte, wurde nun ein eigenes, recht lukratives Geschäftsfeld.

Das galt in England vor allem für den Anbau von Narzissen. Speziell Cornwall war zu Beginn des 20. Jahrhunderts geradezu zu einem Synonym für den Narzissenanbau geworden. Die Südhänge im Mündungsgebiet des Tamar boten perfekte Bedingungen für die Anzucht früh blühender Pflanzen: Dank der milden Winter und der windgeschützten Lage erwärmte sich der Boden sehr rasch. Besonders geschätzt war die Sorte *Narcissus* 'Tamar Double White' wegen ihrer großen, intensiv duftenden Blüten.

Mit der Nachfrage wuchs auch die Vielfalt des Angebots. Veilchen, Maiglöckchen, Nelken,

Astern und Anemonen verwandelten Felder in farbenprächtige Blütenteppiche.

Im Vereinigten Königreich erreichte die Blumenindustrie ihren Gipfel in den 1950er-Jahren, als mehr Fläche für den Anbau von Schnittblumen genutzt wurde als für die Kultivierung von Obst. Auf den Blumenfeldern gab es Holzhäuser mit Wellblechdächern, in denen die Ware konditioniert und für den Transport verpackt wurde. Ironischerweise wurde die Eisenbahn, die den Boom des Blumenanbaus erst ermöglicht hatte, in einigen Ländern zugleich zur Ursache für seinen Niedergang. Einschnitte in die Bahninfrastruktur und die gleichzeitige Zunahme des Güterverkehrs auf der Straße und in der Luft führten dazu, dass immer mehr Blumen importiert wurden. Ende des 20. Jahrhunderts waren Schätzungen zufolge achtzig bis neunzig Prozent der in Großbritannien verkauften Schnittblumen Importware.

Ähnliche Zahlen gelten für in Deutschland, Österreich und der Schweiz gekaufte Schnittblumen. Laut Fairtrade wurden 2011 in Deutschland Rosen im Wert von rund 1,1 Milliarden Euro verkauft, über achtzig Prozent davon wurden importiert.

Doch der Wind beginnt sich zu drehen. Seit einigen Jahren ist eine Wiederbelebung des Blumenanbaus zu beobachten, und das nicht nur in den traditionellen Anbaugebieten. Auch in anderen Regionen gibt es mittlerweile Blumenproduzenten, die auf Saisonalität und Umweltverträglichkeit achten. Die Leidenschaft und die harte Arbeit, die sie in die Kultivierung ihrer Pflanzen investieren, verdienen Hochachtung. Wenn Sie bei solchen Anbietern kaufen, bekommen Sie frische, saisonale Schnittblumen, deren Produktion die Umwelt kaum belastet, und Sie honorieren zugleich die Anstrengungen dieser Produzenten.

Wer selbst Schnittblumen zieht, erkennt den Unterschied zwischen frischen, der Jahreszeit entsprechenden Blumen und fader Importware und weiß ihn zu schätzen.

Mein Beet
im Gartenjahr

Durch die Jahreszeiten

Frühling in meinem Blumenbeet

Wenn der Frühling kommt, berste ich fast vor Energie und dem Drang, endlich wieder Blumen zu ziehen. Es fällt mir sehr schwer, aber ich versuche, mich zu gedulden und nur solche Blumen auszusäen, die mit den Unwägbarkeiten der Witterung zu dieser Jahreszeit zurechtkommen.

Die ersten Frühlingswochen sind eine Zeit der Vorbereitungen. Die ersten Unkräuter sprießen, und es ist wichtig, sie unter Kontrolle zu halten. Meine Zweijährigen erwachen langsam wieder zum Leben und bekommen eine Portion Algendünger. Ich entferne alle gelben, geschädigten und abgestorbenen Blätter – das sieht nicht nur schöner aus, sondern verhindert auch, dass sich mit steigenden Temperaturen Pilzerkrankungen ausbreiten. Auch meine Mitgärtner tauchen nach und nach auf, und es tut gut, wieder Leben und Aktivität in den Schrebergärten ringsum zu sehen.

Bald kann ich den ersten Strauß schneiden. Man sollte meinen, das sei inzwischen normal für mich, doch ich bin immer noch aufgeregt, wenn die ersten Blüten erscheinen. Zur Mitte des Frühlings werden die Flecken brauner Erde zwischen den Pflanzen kleiner, weil nun der Goldlack und alle Tulpen, Narzissen und Levkojen blühen.

Je mehr sich der Frühling dem Ende zuneigt, desto mehr füllt sich das Schnittblumenbeet.

Wenn der Winter zu Ende geht, kann ich es kaum erwarten, mit dem Aussäen zu beginnen.

LINKE SEITE Kirschblütenzweige sind der Inbegriff des Frühlings.

Wenn der Frühling voranschreitet, dominieren in meinem Beet farbenprächtige Tulpen.

Zu dieser Zeit des Jahres genieße ich besonders die frühen Morgenstunden, wenn die sanften Strahlen der Sonne alles in einen goldenen Schimmer hüllen. Gibt es eine schönere Möglichkeit, den Tag zu beginnen, als schon vor dem Frühstück Silberblatt und Tulpen vom Schnittblumenbeet zu holen? Über der frühmorgendlichen Ruhe könnte man beinahe vergessen, dass das späte Frühjahr für Gärtner eine besonders arbeitsreiche Zeit ist, weil nun die vorgezogenen Pflänzchen von der Fensterbank und aus den kalten Kästen nach und nach ins Freiland umziehen, auch wenn die Frostgefahr noch nicht ganz gebannt ist.

Sommer in meinem Blumenbeet

Sobald der Frühling dem Sommer weicht, stoße ich einen Seufzer der Erleichterung aus, denn jetzt haben alle Blumen ihren Platz im Beet gefunden, und meine Fensterbänke, kalten Kästen und Treibhäuser sind wieder leer. Ab jetzt versuche ich, jeden zweiten Tag nach meinem Beet zu sehen: Ich schneide Blumen, entferne welke Blüten und Blätter, jäte Unkraut und gieße. Keine dieser Arbeiten empfinde ich als lästige Pflicht, denn mein Beet ist so etwas wie ein Zufluchtsort für mich, eine Oase des Friedens, die mich die Mühen des Alltags vergessen lässt. Die unbändige Energie des Frühlings hat einem entspannteren Gefühl Platz gemacht. Zunächst beherrschen Pastelltöne das Beet, doch je mehr der Sommer fortschreitet, desto bunter und leuchtender werden die Farben.

Für mich ist der Sommer eine merkwürdige Jahreszeit: Es fühlt sich so an, als habe das Gartenjahr gerade erst begonnen, dabei geht es nach der Sonnenwende schon wieder auf den Winter zu. Zum Glück bleibt mir kaum Zeit, melancholisch zu werden, denn jetzt ist mein Schnittblumenbeet auf dem Gipfel seiner Produktivität.

Die Einjährigen blühen, die Tipis aus Haselruten sind dicht mit Wicken berankt, und im Beet explodieren die Farben. Ich liebe die Morgenstunden im Hoch- und Spätsommer, wenn sich nach dem frühen Sonnenaufgang ein langer, heißer Tag ankündigt. In der von keinem Windhauch bewegten Luft mischen sich Blütendüfte mit dem Geruch von frisch gemähtem Gras. Schmetterlinge flattern zwischen den Blumen umher, und die Bienen sammeln eifrig Nektar und Pollen in meinem Garten.

Ein handgebundenes Bouquet aus dem eigenen Blumenbeet ist ein schönes Geschenk für Freunde.

Skabiosen blühen unermüdlich bis zu den ersten Herbstfrösten.

Herbst in meinem Blumenbeet

Meine Blumen leuchten in der tiefer stehenden Sonne wie Edelsteine. Noch finde ich reichlich Material für Sträuße, doch ich beginne bereits, Beiwerk aus Hecken und Sträuchern einzubeziehen und Arrangements für die Zeit zu planen, in der ich mein Beet in die Winterruhe entlassen muss. Jetzt ist die Zeit der langen Spaziergänge, auf denen ich nach Karden und flechtenbewachsenen Zweigen Ausschau halte. Außerdem notiere ich mir, welche Pflanzen sich in dieser Saison gut entwickelt, welche Kombinationen funktioniert haben und was ich im nächsten Jahr anders machen möchte. Die Liste der Pflanzen, für die ich einen Platz auf dem Beet finden will, wird lang und länger.

Das Abräumen meines Blumenbeets stimmt mich immer ein wenig traurig. Obwohl ich weiß, dass die Pflanzen ihre Winterruhe brauchen, ist die Aussicht auf lange, dunkle Nächte für jemanden, der sich gerne an der frischen Luft aufhält, nicht gerade erhebend. Doch es gibt auch Erfreuliches: Das Auspflanzen meiner Zweijährigen, die im nächsten Frühjahr blühen sollen, erfüllt mich mit Hoffnung. Außerdem müssen die Blumenzwiebeln gesteckt werden. Das gehört zwar nicht zu meinen Lieblingsarbeiten, doch wenn der Frühling kommt, bin ich jedes Mal froh, dass ich mir die Mühe gemacht habe. Das Licht verändert sich jetzt rasch, und bei meinen morgendlichen Besuchen im Garten brauche ich einen Pullover. Die Skabiosen blühen noch immer, ebenso die Rudbeckien und die Zinnien, doch die wahren Stars dieser Jahreszeit sind die Dahlien.

Winter in meinem Blumenbeet

Grau und Braun sind nun die vorherrschenden Farben in meinem Beet. Dort, wo ich wohne, sind die Winter oft nass, deshalb bin ich froh, dass wir im Schrebergarten gepflasterte Wege angelegt haben. So muss ich nicht durch den Matsch stiefeln, wenn ich im Garten nach dem Rechten sehe. Die ersten Fröste kommen meist zwischen Spätherbst und Winteranfang, und es wird Zeit, die abgestorbenen Pflanzen aus der Erde zu ziehen, Stauden zurückzuschneiden und die Dahlienknollen auszugraben und zum Überwintern ins Haus zu holen.

Wenn ich mein Beet im dämmrigen Winterlicht betrachte, kann ich mir nur schwer vorstellen, dass sich auf diesem trostlos aussehenden Fleckchen Erde irgendwann wieder ein Fest der Farben entfalten wird. Wenn wir Glück haben, fällt ein wenig Schnee, der den Garten in ein Winterwunderland verwandelt und die unterirdischen Teile der Pflanzen wie eine weiche Daunendecke vor der Kälte schützt. Das strahlende Weiß durchbricht die Monotonie des diesig-grauen Winterwetters.

Und dann taut es, der Schnee schmilzt, und im Garten schieben die Zwiebelpflanzen, unbeeindruckt von der noch herrschenden Kälte, ihre grünen Spitzen ans Licht. Wenn die Sonne einmal herauskommt, genieße ich die Wärme und weiß, dass der Frühling bald kommen wird, doch noch sind solche Momente selten.

Der Winter ist die Zeit, in der ich drinnen im Warmen die nächste Gartensaison plane und organisiere. Zum Glück können die ersten Blumen schon im Spätwinter ausgesät werden! Und so beginnt der Kreislauf von Neuem.

GANZ OBEN Im Winter suchen Amseln in den Bäumen rund um mein Beet Schutz vor dem kalten Wind.

OBEN Im dämmrigen Winterlicht zaubert der Frost glitzernde Muster auf das Laub.

Aussaat- und Pflanzkalender

		Mittwinter	Spätwinter	Zeitiges Frühjahr	Frühjahrsmitte	Spätes Frühjahr
Zwiebeln	*Anemone coronaria*			pflanzen	pflanzen	pflanzen
	Narzisse *(Narcissus)*					
	Dahlie *(Dahlia)*			pflanzen	pflanzen	
	Zierlauch *(Allium)*					
	Frühlingsstern *(Triteleia laxa)*					
	Tulpe *(Tulipa)*					
Samen	*Agrostis nebulosa*			säen	säen	
	Knorpelmöhre *(Ammi)*				säen	säen
	Sonnenhut *(Rudbeckia hirta)*			säen	säen	
	Blaudolde *(Trachymene coerulea)*			säen	säen	
	Kornblume *(Centaurea cyanus)*			säen	säen	säen
	Kosmee *(Cosmos)*				säen	säen
	Mutterkraut *(Tanacetum parthenium)*			säen		
	Leberbalsam *(Ageratum houstonianum)*		säen	säen		
	Großes Zittergras *(Briza maxima)*			säen	säen	
	Silberblatt *(Lunaria annua)*					
	Islandmohn *(Papaver nudicaule)*					
	Rittersporn *(Consolida)*			säen	säen	
	Jungfer im Grünen *(Nigella)*			säen	säen	säen
	Panicum elegans 'Frosted Explosion'		säen	säen		
	Scabiosa atropurpurea			säen	säen	
	Scabiosa stellata 'Pingpong'			säen	säen	
	Löwenmäulchen *(Antirrhinum)*		säen	säen	säen	
	Strandflieder *(Limonium sinuatum)*		säen	säen		
	Levkoje *(Matthiola)*					
	Sonnenblume *(Helianthus annuus)*			säen	säen	
	Duftwicke *(Lathyrus odoratus)*		säen	säen	säen	
	Nachtviole *(Hesperis matronalis)*					
	Bartnelke *(Dianthus barbatus)*					
	Goldlack *(Erysimum cheiri)*					
	Wilde Möhre *(Daucus carota)*		säen	säen	säen	
	Zinnie *(Zinnia elegans)*				säen	säen

Frühsommer	Hochsommer	Spätsommer	Frühherbst	Herbstmitte	Spätherbst	Frühwinter
pflanzen	pflanzen			pflanzen		
			pflanzen	pflanzen	pflanzen	
auspflanzen						
			pflanzen	pflanzen	pflanzen	
				pflanzen		
					pflanzen	pflanzen
			säen			
			säen			
		säen				
			säen			
säen	säen		auspflanzen			
säen	säen		auspflanzen			
			säen			
			säen			
			säen			
säen	säen		auspflanzen			
				säen	säen	
säen	säen		auspflanzen			
säen	säen		auspflanzen			
säen	säen		auspflanzen			

Anmerkungen

- Einjährige, die im Frühjahr gesät werden, blühen etwa 12–14 Wochen später.
- Aussaaten im Freiland erst vornehmen, wenn die Erde sich erwärmt hat.
- Frühe Aussaaten sollten durch Vlies oder Glashauben geschützt werden.
- Empfindliche Einjährige zieht man am besten drinnen vor. Säen Sie sie sechs bis acht Wochen vor dem vermuteten letzten Frost.
- Setzen Sie Dahlienknollen im Frühjahr in Töpfe, und schützen Sie sie vor Frost. Pflanzen Sie sie erst aus, wenn kein Frost mehr droht.

Arbeitskalender für das Schnittblumenbeet

Mittwinter	Planen
	Samen kaufen bzw. bestellen
	Werkzeug und Geräte säubern
Spätwinter	Düngemittel wie Beinwell- und Algendünger besorgen
	Containerpflanzen bestellen
	Duftwicken im Haus vorziehen
	Erste empfindliche Einjährige im Haus vorziehen
Zeitiges Frühjahr	Beet von Unkraut befreien und Kompost einarbeiten
	Algenmehl einharken
	Dahlienknollen im Haus in Töpfe setzen und vor Frost schützen
	Trockene Ziergräser abschneiden
	Robuste Einjährige im Haus vorziehen
	Nach Schnecken Ausschau halten
Frühjahrs-mitte	Robuste Einjährige auspflanzen
	Empfindliche Einjährige im Haus vorziehen
	Stützen und Pflanzennetze aufstellen
	Unkraut jäten
	Gießen nach Bedarf
	Entspitzen
	Hasel- und Weidenruten besorgen
	Robuste Einjährige im Freiland aussäen
	Setzlinge pikieren und eintopfen
	Bestellte Containerpflanzen nach Eintreffen umtopfen
	Beinwellpflanzen kaufen
Spätes Frühjahr	Empfindliche Einjährige auspflanzen, wenn kein Frost mehr droht
	Unkraut jäten
	Gießen nach Bedarf
	Entspitzen
	Narzissenzwiebeln ausgraben, trocknen lassen und einlagern
	Hohe Pflanzen an Stützen anbinden

Frühsommer	Unkraut jäten
	Gießen nach Bedarf
	Verwelkte Blüten regelmäßig entfernen
	Empfindliche Einjährige auspflanzen
	Zweijährige säen
	Narzissen- und Tulpenzwiebeln ausgraben und einlagern
	Hohe Pflanzen an Stützen anbinden
Hochsommer	Unkraut jäten
	Gießen nach Bedarf
	Verwelkte Blüten regelmäßig entfernen
	Zweijährige säen
	Dahlien wöchentlich düngen
Spätsommer	Unkraut jäten
	Gießen nach Bedarf
	Verwelkte Blüten regelmäßig entfernen
	Dahlien wöchentlich düngen
Frühherbst	Gießen nach Bedarf
	Verwelkte Blüten regelmäßig entfernen
	Überwinternde Einjährige aussäen
	Narzissenzwiebeln setzen
Herbstmitte	Blumenzwiebeln setzen
	Schnittblumenbeet mit Kompost mulchen
Spätherbst	Tulpenzwiebeln setzen
	Dahlien ausgraben (spätestens nach dem ersten Frost)
	Empfindlichere Pflanzen zum Schutz mit Laub oder Vlies abdecken
Frühwinter	Die Füße hochlegen und Gartenkataloge wälzen

Empfehlenswerte Bezugsquellen

Die folgenden Bezugsadressen finden sich in Großbritannien (Empfehlungen der Autorin), Deutschland, Österreich und der Schweiz.

Saaten

Beringmeier: neben Gemüse-, Rasen- und Blumensaaten auch Blumenzwiebeln sowie Gartenzubehör; *www.saatgut-shop.com*

Bingenheimer Saatgut: ökologische Saaten für Gemüse, Kräuter, Blumen sowie Jungpflanzen und Gründünger; *www.bingenheimersaatgut.de*

Biogartenversand: ökologisch erzeugte Pflanzkartoffeln, Saaten, Zwiebeln, Rosen- und Staudenpflanzen sowie Zubehör; *www.biogartenversand.de*

Biosaatgut: Saaten für Gemüse, Getreide und Blumen, ausschließlich in Europa produziert; außerdem Gründünger; *www.bio-saatgut.de*

Blumensamenshop: Blumen-, Stauden-, Obst-, Gemüse- und Kräutersaaten, auch nach Farben sortiert; darunter exotische Arten wie Bonsai oder Papaya; *www.blumensamen-shop.de*

Botanik Sämereien: Saaten für Blumen, Gemüse und Exotisches; auch bio; *www.saemereien.ch*

De Bolster: biologisches und biologisch-dynamisches Saatgut für Gemüse, Kräuter, ein- und mehrjährige Blumen; *www.biosaatgut.eu*

Dreschflegel: Biosaaten vor allem für Gemüse, aber auch für Blumen sowie alte Getreidearten; *www.dreschflegel-shop.de*

Gernand: neben Gemüse-, Kräuter-, Rasen- und Blumensaaten auch Dünge- und Pflanzenschutzmittel; *www.samen-gernand.de*

Green24: große Auswahl an Saaten und Pflanzen, auch Exotisches wie Banane und Affenbrotbaum; *www.green24.de*

Keimzeit: Saaten für einjährige Sommerblumen, nach Farben sortiert; *www.keimzeit-saatgut.de*

Kings Seeds: große Auswahl an Wickensaaten; *www.kingsseeds.com*

Pötschke: große Auswahl an Saaten, Pflanzen, Zwiebeln und Zubehör; *www.poetschke.de*

Reinsaat: Biosaatgut für Gemüse, Kräuter, Blumen; außerdem Gründünger; *www.reinsaat.at*

Roger Parsons: spezialisiert auf Wickensaaten mit Informationen über Wuchs und Duft; *www.rpsweetpeas.co.uk*

Saatgut-Vielfalt: vor allem Saaten für winterharte Stauden; außerdem Samen für Einjährige und Kräuter; *www.saatgut-vielfalt.de*

Samenhaus: Saaten verschiedener Hersteller, außerdem Anzuchtzubehör, Pflanzenschutz und Dünger;
www.samenhaus.de

Samenshop: Saaten und Zwiebeln, auch in Bioqualität; außerdem Zubehör;
www.samen.ch

Special Plants Nursery: große Auswahl an ein- und mehrjährigen Saaten;
www.specialplants.net

The Higgledy Garden: auf Schnittblumensaaten spezialisierter Anbieter aus Cornwall;
www.higgledygarden.com

The Organic Gardening Catalogue: Shop mit Sitz in Surrey; neben Gemüse- auch eine große Auswahl an Blumensaaten;
www.organiccatalog.com

Thompson and Morgan: neben Blumen- und Gemüsesaaten auch etwas Gartenzubehör;
www.tandmworldwide.com

Verein zur Erhaltung der Nutzpflanzenvielfalt: veranstaltet regionale Saatgutbörsen; kein Shop;
www.nutzpflanzenvielfalt.de

Zollinger Samen: biologische Saaten, die alle in der Schweiz gezüchtet werden;
www.zollinger-samen.ch

Zwiebeln

Beringmeier: s. o.

Biogartenversand: s. o.

NaturaGart: auf Teichtechnik und -pflanzen spezialisiert, außerdem Zwiebeln u. a. von Narzissen und Krokussen;
www.shop.naturagart.de

Peter Nyssen: u. a. 'Karma'-Dahlien und krautige Mehrjährige;
www.peternyssen.com

R. A. Scamp: spezialisiert auf Narzissenzwiebeln, viele davon in Cornwall gezogen;
www.qualitydaffodils.co.uk

Pflanzen

Barnhaven: kleinere, zartere Primeln, als es sie in den großen Gartencentern gibt;
www.barnhaven.com

Biogartenversand: s. o.

Green24: s. o.

Mein schöner Garten: große Auswahl an Bäumen, Sträuchern, Stauden; daneben Saaten,Zwiebeln, Gartenzubehör;
www.shop.mein-schoener-garten.de

Pötschke: s. o.

Praszac: große Auswahl an Pflanzen, besonders Rosen und Stauden;
shop.praskac.at

Warnhinweise zu Giftpflanzen:
www.meingartenversand.de/garten/news/giftpflanzen-im garten.html

Gartengeräte und -zubehör

Bauerngarten: Gartengeräte, -möbel und -deko wie Gewächshäuser, Strandkörbe, Rosenbogen und vieles mehr;
www.bauerngarten.de

Biogartenversand: s. o.

Gartenboxx: biologischer Dünger und Pflanzenschutz;
www.gartenboxx.de

Mein Gartenversand: neben Möbeln und Zäunen auch organischer Dünger;
www.meingartenversand.de

Pötschke: s. o.

Register

Kursive Seitenzahlen verweisen auf Bildlegenden.

Schlichte Arrangements – hier ein paar Chrysanthemen – machen nicht viel Mühe, aber viel Freude!

Dank

Als Erstes möchte ich den zuständigen Mitarbeiterinnen und Mitarbeitern von Frances Lincoln danken: Andrew Dunn für seine Entscheidung, dieses Buch zu verlegen, Becky Clarke für ihre schöne Gestaltung und Helen Griffin für ihren Einsatz. Auch meiner Lektorin Joanna Chisholm, bei der alle Fäden zusammenliefen und die stets alle Details im Blick hatte, schulde ich großen Dank.

Es war ein großes Glück, mit einem so fähigen Fotografen wie Jason Ingram zusammenarbeiten zu dürfen. Dank seinem Können, seiner Kreativität und Geduld wurde die gemeinsame Arbeit zu einem wahren Vergnügen, und ohne seine großartigen Fotos wäre dieses Buch nicht so geworden, wie es ist.

Meinen Eltern danke ich von Herzen dafür, dass sie mir die Liebe zur Botanik mitgegeben haben.

Darüber hinaus danke ich folgenden Personen:

Robin und Netty von www.vintagecratesuk.co.uk, Vanessa Arbuthnott (www.vanessaarbuthnott.co.uk) für den schönen Stoff, Phil Hopkinson von www.malverncoppicing.co.uk, Andrew von Hen & Hammock für ihre Vase und ihre freundlichen Worte und Philip Norman vom Garden Museum.

Bill Howe für seine Hilfe.

Lynne Lawson von Barnhaven Primroses für ihren Rat und ihre Einführung in Roy Genders' Buch über Primeln.

Karen Lynes von Peter Nyssen für ihre Unterstützung, als das Wetter sich gegen mich zu verschwören schien.

Sara Wilman, die ihre Sämlinge mit mir geteilt hat. Deine Freundlichkeit und Großzügigkeit bedeuten mir viel, und deine Mutter backt verdammt gute Scones. Ohne dieses Buch hätten wir uns nie kennengelernt.

Clover für das Pflücken von Primeln. Deine waren einfach die Besten!

Trevor, meinem Schrebergartennachbarn, für seine inspirierenden Blumenbeete.

Meinen Freunden auf Twitter und Instagram, die mir während der langen Stunden des Schreibens mit ihrer Inspiration, ihrer Unterstützung und ihrem Humor über manche Hürde hinweggeholfen haben.

Und, last but not least, meinem Mann Ian. Er war es, der die Idee zu diesem Buch hatte und mir zutraute, es zu schreiben. Ich danke dir dafür, dass du mich auf meiner Suche nach der perfekten Vase ein ums andere Mal begleitet hast und mir bei allem zur Hand gegangen bist, ob beim Aufstöbern von Stützen, beim Bauen eines Gewächshauses, beim Retten verloren gegangener Daten aus den Untiefen des Computers oder beim Lesen der Korrekturabzüge. Dieses Buch ist in vielerlei Hinsicht ein gemeinsames Projekt. Am meisten danke ich dir für deine unermüdliche Unterstützung, Geduld und Ermutigung. Ohne dich hätte ich dieses Buch nicht schreiben können.

Alle Fotos in diesem Buch wurden von Jason Ingram aufgenommen – ausgenommen folgende, die von der Autorin stammen: Seite 10, 14, 15, 16 (rechts), 38, 42, 45, 46, 51, 53, 54, 55, 56, 57, 60, 64, 71, 78, 85, 88, 90, 91, 93, 98 (links), 99 (links), 102–103, 105, 106, 107 (links), 120, 126, 128, 135, 137, 138, 167, 170 (unten), 172, 186, 188, 190, 194, 206, 211.

Der Abdruck des Fotos von den Narzissenpflückern in Cornwall (Seite 202) erfolgt mit freundlicher Genehmigung des Garden Museum.